仰望星空丛书

神秘的宇宙

[丹麦] 拉尔斯·林伯格·克里斯滕森　[美] 罗伯特·福斯贝利　[美] 罗伯特·赫尔特　著

林　清　朱达一　译

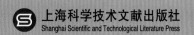
上海科学技术文献出版社
Shanghai Scientific and Technological Literature Press

图 2: 星系M 81

　　这幅星系M81的影像综合了来自哈勃空间望远镜、斯皮策空间望远镜和"宇宙演化探测器"（GALEX）的数据。GALEX紫外数据来自光谱的远紫外波段，斯皮策的红外数据是在中红外波段拍摄的，哈勃的影像则是在可见光波段的蓝光区域拍摄的。该天体纯粹的红外和紫外影像参见图 38 和图 47。

CONTENTS

目 录

序 言

图3：红外和可见光波段的猎户座大星云

来自斯皮策和哈勃空间望远镜的影像组合形成了这样一幅令人震惊的图像。哈勃在紫外和可见光波段拍摄的绿色卷曲状结构是以氢原子和硫原子为主的气体，被强烈的紫外辐射加热并电离后发出的辐射。斯皮策的红外影像则展现了云气中富含碳元素的有机分子（表现为红色和橙色的缕缕轻烟）。

过去的半个世纪里，天文学领域取得了大批令人瞩目的成就。这是人类有史以来第一次能够在完全不受地球大气层影响的情况下，通过全波段来研究各种天体。

伴随着空间观测窗口的敞开和拥有极高分辨率的大口径望远镜的发展，我们能够通过前所未有的精度来研究各种天体。物理学和天文学理论的同步发展被广泛应用于这些数据的分析和研究，并已经为一些长久以来困惑人们的重大问题作出了解答。我们现在已经能够解释恒星的诞生和死亡，了解行星的形成，星系的结构及其形成和演化，甚至宇宙的年龄、它的诞生和其中化学元素产生的过程。然而最近涌现的暗物质和暗能量之谜却提醒我们，对未知的宇宙仍要保持一如既往的谦卑。除了一小部分之外，宇宙大部分的质量和能量都是以我们尚未了解的形式存在着。这一切清楚地告诉我们，追寻宇宙本源和探索未知的道路还非常遥远。

伴随这些惊人的发现，天文学研究的手段和交流的方式也发生了很大的改变。现在，无论何种国籍、何种机构的天文学家都能够从几乎所有的观测设备取得最新、最好的资料。这些改变使得业已存在的科学数据可以获得高效率的反复利用。科学家们也为科学普及教育作出了巨大的努力，以使这些成就能被众多的学生、老师和公众所分享，本书就是一例。

读者们将被带上领略宇宙世界的旅途。文字注解可帮助我们获得全面的信息，但是给读者们留下最深刻印象的可能还是那些美丽的图片。大多数情况下，图像带给人们的感受更加接近于我们对真相的理解。因此，我认为这本书的意义远远大于摆放在咖啡桌上装帧精美而内容匮乏的大开本画册，它是一扇真实的能让我们通往宇宙的窗户。

2002年诺贝尔物理学奖得主

里卡尔多·贾科尼（Riccardo Giacconi）

FOREWORD

前　言

　　400年前，伽利略首次将他的望远镜指向天空，我们才摆脱了仅仅使用肉眼去认识宇宙的状态。而在此之前，我们的所思、所想，都源于裸眼所见。哪怕是伽利略望远镜这样一个简单的仪器，也是人类历史上一次巨大的飞跃，因为正是它为人类铺就了一条建造更多更强大观测设备的道路，我们对知识无止境的渴望也从此可以不断地得到满足。

　　然而，一直到20世纪中叶，虽然望远镜的尺寸已经越来越大，人们对宇宙的了解却仍然受大气层阻隔，并局限于照相底片敏感的狭窄波段之中。即使是通过这些有限的资源，我们的发现也已经足够惊人：太阳系的全面形象，恒星发光的原因及其寿命，银河系之外难以计数的其他星系，以及宇宙正在膨胀的事实。20世纪前期物理学的革命使我们了解到光的本质，并可以从中了解到它所携带的恒星和星云中化学组成及物理状态的信息。

　　雷达技术在被应用于军事用途后获得了巨大的发展。在其影响之下，射电天文学的发展打开了我们的新视野，使我们第一次了解到使用另一双"眼睛"来看宇宙时，我们所熟知的宇宙会呈现出另外一种完全不同的形态。

　　1957年发射的斯普特尼克卫星为天文学观测摆脱大气吸收和扰动的影响铺平了道路。面对真正清澈的天空，一代又一代空间探测器和空间天文台为我们带来了无与伦比的宇宙新图像。由这些空间天文探测器和天文台组成的"航母舰队"带来了成串的新发现，为天文学家理解这个宇宙提供了无数新的启示，而日益发展壮大的地面望远镜也带来了大量令人印象深刻的新进展。

　　本书将带您深入了解这些非比寻常的望远镜，欣赏业已成为现代天文学标志的精彩图片。通过将您的视野从可见光扩展到整个光谱的所有"色彩"，您将可以得到比以往所知更为全面的宇宙形象。这些图像对任何人而言都是值得珍视的。利用在全球范围建造的各种观测设备取得的观测资料，我们可以更好地理解我们在浩瀚宇宙中所处的位置。这个宇宙曾经隐藏在人们的视野之外，但现在它已经敞开在您的面前。

关于本书

本书分为9个章节，分别介绍了"不可见"宇宙的方方面面。前面3个章节主要介绍我们用以感知这个宇宙的方式，包括肉眼、地面望远镜和空间望远镜。随后的5个章节分别介绍5个波段的观测方式，首先是最为熟悉的可见光，然后扩展到越来越不熟悉的波段：红外线、紫线外、无线电波/微波，以及X射线和伽马射线。在最后一章，我们试图将每个单独波段的影像组合成一个综合的形象，展现出一个多波段宇宙的全貌。

当我们开始本书的写作任务时，我们就像是步入了一个陌生的地域。要与这些日常生活很不熟悉的现象打交道颇为不易。我们不得不使用一些重要的物理学术语，诸如"光谱""黑体辐射"等，但我们力图将这些术语的使用量减到最少，而且会在本书附录中对那些不熟悉的术语进行解释。

致谢

我们必须感谢那些辛勤工作于各地天文台和科学传播机构的同事们。本书许多令人目瞪口呆的图片都出自这些天文学家和图形制作人员的精心创作。我们需要特别感谢Megan Watzke和Kimberly Kowal Arcand领导的钱德拉空间望远镜团队和Gordon Squires领导的斯皮策空间望远镜团队，他们将X射线及红外影像与其他波段影像所做的比对工作为揭开这个神秘宇宙的的面纱做出了重要的贡献。我们还要感谢Anne Rhodes、Laura Simurda 和 Chris Lawton，他们为本书的编辑提供了重要的帮助。

拉尔斯·林伯格·克里斯滕森（Lars Lindberg Christensen）

罗伯特·福斯贝利（Robert Fosbury）

罗伯特·赫尔特（Robert Hurt）

第一章 光和视觉

图4: 光与色彩

落日熔金, 暮云合璧。图中灿烂的光辉来自我们的太阳。它将阳光洒满人间, 也使我们所感知的这个世界无处不在光的润泽之中。

我们的世界是光的世界……

我们观察光的方式决定了我们理解这个世界的方式。什么是真实的存在, 什么是虚无缥缈? 什么是光明, 什么是黑暗? 什么是美, 什么又是丑? 所有这些概念都源于我们的视觉经验。由于我们的视觉与太阳的本质密切相关, 因此从确切的意义上讲, 人类的审美观念深深植根于天文。也许这就是为何宇宙的影像总能激起我们内心敬畏的原因。然而, 宇宙之光所包含的内容却远远超出肉眼所见。

"每一个新生儿都是30亿年以来自然界进化的成果，同时也是被称作'人'的有机个体与宇宙之间相互联系的呈现。"

当新生的婴儿第一次睁开双眼，他就会发现自己沐浴在光的世界中。每一个新生儿都是30亿年以来自然界进化的成果，同时也是被称作"人"的有机个体与宇宙之间相互联系的呈现。我们的肉眼是与生俱来的生物探测器，经过优势进化后形成了能有效获取来自那颗距离我们最近的恒星——太阳——所发出光线的形态。我们的眼睛刚好能够清晰地分辨太阳光中最明亮的色彩，这绝非凑巧。这一事实使我们领略到了生物机能之美，同时也提醒我们，如果人类居住在以另一种方式闪烁的恒星附近，我们很可能会根据在那样的环境下进化出的眼睛所见到的状况去重新定义何为"可见光"。

人类认识颜色的原理

我们的肉眼是怎样看见色彩的？色彩的谱系又是怎样形成的？我们的肉眼是一种生物学光探测器，光信号经过视神经后，我们的大脑就会产生出相应的影像。人眼拥有三种不同的视锥细胞，能让我们分辨出三种最基本的色彩：红色、绿色和蓝色。这三种基本色相互调和之后就形成了我们所看到的完整谱系，从淡粉色一直到浓重鲜艳的各种色彩。

其他色彩与三原色有着怎样的关系呢？答案就在于调和比例的多少。两种比例相同的原色调和在一起后就可以形成次级色。红色与绿色能调和出黄色，绿色与蓝色生成青色，而将蓝色和红色调和则是品红。其他的色调像青绿、橙红或者紫色，则是由三种原色以不同的比例调和而出。如果三原色以完全相同的比例调和在一起，就将生成白色。黑色则是缺乏任何色彩的结果。这样一种色彩混合方式称为"加色混合"，它们反映的就是人眼在看到这些不同颜色光线混合在一起后所感知的结果。

"任何一幅色彩丰富的画面都可以被我们分解成分别以红、绿、蓝为主色调的单色画面。"

这些直观的色彩组合使我们可以方便地利用数字技术记录和表达出一个完整的色彩系统。任何一幅色彩丰富的画面都可以被我们分解成分别以红、绿、蓝为主色调的单色画面。我们平时使用的电视机和电脑的显示器都是使用红、绿、蓝的单色画面进行合成,从而显示出色彩丰富的画面。同样地,在印刷领域,通过将红、绿、蓝三色墨水以一种合适的比例调和后印刷出来的画面也将以一种色彩丰富的印刷品形式映入我们的眼帘。

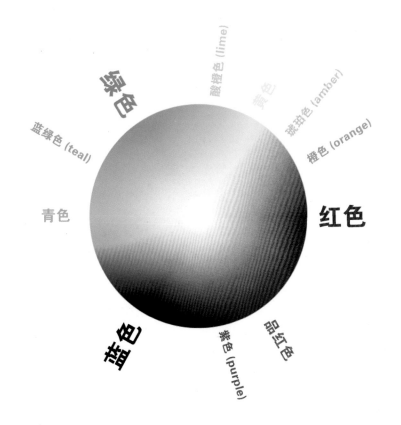

绿色
酸橙色 (lime)
蓝绿色 (teal)
黄色
琥珀色 (amber)
橙色 (orange)
青色
红色
蓝色
紫色 (purple)
品红色

图5:色盘

由眼睛可以辨认出光的三种基本色:红色、绿色和蓝色。这三种原色相互调和之后就形成了我们所熟知的完整色彩谱系,本图将它们用色盘的形式表现出来。青色、品红色和黄色这几个次级色是由相邻的两种基本原色混合在一起后形成的,其他一些颜色也能在色板上的其他位置找到。由于我们的眼睛对于红绿之间颜色的变化最为敏感,因此由这两种原色调和而成的各种色彩比由其他两种原色调和而成的颜色更容易被我们注意到。

图6: 从单色画面到彩色

任何一幅画面都能被分解成单一的原色图。只要配之以正确的三原色,再用加色原理将其混合起来,肉眼所能感知的全色图像便会显现出来。

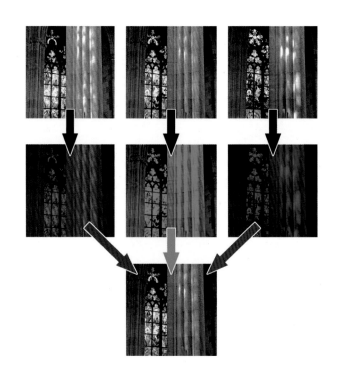

需要指出的是,这些对色彩的解释都是人对自然界的真实感知。我们的三色识别系统是自然进化的结果,但也并非肉眼可能进化成的唯一结果。其他动物也可能进化成根本没有色彩识别能力或是能够感知光谱的其他部分。如果我们拥有更多可以感知另一种颜色信号的器官,那么接收到的信息会更加复杂,比如形成一个四维颜色的序列,那就很难在本书中描绘出来了。

减色混合

这里所说的三原色(红、绿和蓝)和童年时期美术课上老师所告诉我们的另一种三原色(蓝、红和黄)常常会让人产生迷惑。用肉眼感知颜色的过程都是色彩的叠加。如果色彩以相同的比例混合在一起,呈现的效果就是白色。

使用颜料作画时,采用的则是另外一种称为"减色混合"的方式。一张空白纸张本身就是白色的,反射所有照射在它上面的光线。颜料会从光线中减去某些色彩,于是我们看见的就只是还没有被颜料所吸收的色彩。举个例子,一种颜料如果只吸收红光,它将拥有青色的色泽(在亮光源中,它需要由蓝色和绿色进行加色混合),而只吸收蓝光的颜料呈现出的将是黄色。当你将颜料调和在一块儿,你所调和的其实是它们的减光性质。因此,将青色和黄色的颜料调和在一起将会同时在白光中减去红色和蓝色,最终留下来的就是绿色了。

需要注意的是,印刷中常用的减色混合过程中的三原色应该是:青色、品红色、黄色。

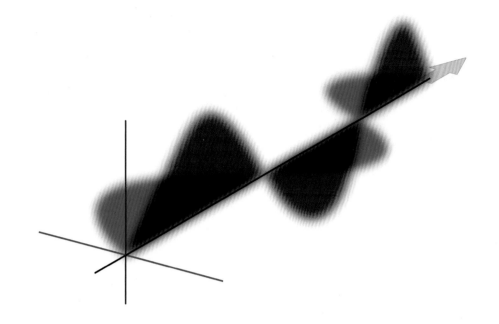

图7：光是一种电磁波

交替振荡的电场（红色）和磁场（蓝色）在空间相互垂直，它们以光波的形式朝着箭头所指的方向传播，每一组电磁场的振荡都将导致下一个波峰的诞生。

光是什么？

对色彩的理解，可以帮助我们更好地了解人类对光的感知过程。然而一个更基本的问题仍然没有解决，那就是：光究竟是什么？

贯穿整个科学史，对于光之本质的争论从未停歇。17世纪末，克里斯蒂安·惠更斯（Christiaan Huygens）提出光具有波动性。然而，一直到18世纪初，艾萨克·牛顿（Isaac Newton）关于光具有粒子性的理论始终在学术界占据统治性的地位。

19世纪初，托马斯·杨（Thomas Young）和奥古斯汀-让·菲涅尔（Augustin-Jean Fresnel）进行了光的双缝干涉实验。实验过程中光的干涉和水波的干涉行为所呈现出的图形十分相似，毋庸置疑地显示了光的波动特性。看来谜底即将揭晓。

但是，如果光是一种波的话，它又是哪种形式的波呢？ 19世纪稍晚的时期，詹姆斯·克拉克·麦克斯韦（James Clerk Maxwell）建立了革命性的电磁方程组，揭示出电和磁是同一种现象的不同表现形式。光是由交互作用的电场和磁场共同组成的。

可见光只占到整个光谱中从380纳米到740纳米这样一个极小的部分（纳米就是十亿分之一米）。从图中可以看出，黄光的波长大约是570纳米。

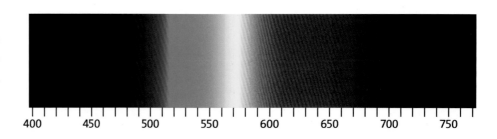

所以，光被认为是一种电磁波。两个连续波峰之间的距离被称为波长，波长决定了光的颜色。波长越短就越是偏于蓝色，波长越长则越偏红。

正当所有人都认为光毫无疑问是电磁波时，一些能证明光具有粒子性的现象和证据却又再次出现了。20世纪初，阿尔伯特·爱因斯坦（Albert Einstein）利用光同时具有波动性和粒子性的概念解释了诸如光电效应等难以理解的实验结果（光电效应如今已成为太阳能电池工作的基本原理）。这个奇异的解释，就是我们今天熟知的"光的波粒二象性"。这个原理已成为当代量子力学的立身之本，也为爱因斯坦赢得了1921年的诺贝尔物理学奖。以往当我们学习光学的时候，总是将光的波动性和粒子性孤立起来，现在则应该牢记一点：波粒二象性中的任何一种特性都是光与生俱来的属性的一部分。

现代科学将光这种特别的电磁波理解成一种类似于粒子的波包，并给予它一个新的称谓：光子。每个光子都携带一定的能量。光子的波长和它所携带的能量密切相关：短波的蓝光携带较多的能量，长波的红光则携带较少的能量。能量和波长这两个名词经常可以替换使用，因为它们之间保持确定的反比关系。

另外一个与光的本性有关的重要事实是：不管波长多少，真空中所有的光都以相同的速度传播。它的速度是如此之快，接近每秒30万千米。事实上，光速就是终极速度，宇宙中没有任何物质能够超越它。

即便如此，以光速的尺度去衡量宇宙的话，宇宙依然是异常巨大。太阳发出的光要经过8分钟才能照耀到我们，除太阳之外离我们最近恒星的光要历经4年才能到达地球。对于天文学家而言，使用光年，也就是光行走一年所经过的路程来丈量宇宙距离简直就是一种家常便饭。

"科学家们通常把电磁波谱划分为七个区域：无线电波、微波、红外线、可见光、紫外线、X射线和伽马射线。"

电磁波谱

通常来说，我们提到光谱的概念，立刻会在脑海中浮现出一幅从紫色到红色的图景。但是肉眼所能看到的颜色，其实只占到整个电磁波谱中极小的一部分。全波段的光谱包含了多种日常生活中无法看见的波段，但是它们确实是实际存在着的光，只不过拥有和可见光不同的波段。科学家们通常把电磁波谱划分为七个区域：无线电波、微波、红外线、可见光、紫外线、X射线和伽马射线。这样的划分只是为了使用的方便，尽管每个波段应用的技术手段与这样的划分的确存在一定的关联，但这种划分却并非物理学上的严格定义。自然界原本存在的电磁波谱是连续的，并无绝对的分界，只是为了应用的方便，人们才习惯于将它们划分成不同的部分并给予分别命名。

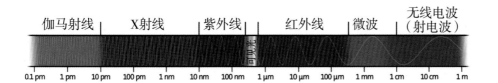

光子的波长决定了它所携带的能量，也决定了它将落入光谱的哪个区域。光谱上波长分布的范围之广超乎想象——从原则上讲，它是没有上下限的，也是连续的——然而我们通常将它表示成从无线电波（波长数百米）到伽马射线（波长万亿分之一米，即1皮米）。这样可以更方便地为光谱上不同区域的光定义单位名称。在这本书中，我们将使用以下的单位：

- 厘米，即百分之一米：常用于射电波段

- 毫米，即千分之一米：常用于微波波段

- 微米，即百万分之一米：常用于红外线波段

- 纳米，即十亿分之一米：常用于X射线、紫外线和可见光

- 微微米（皮米），即万亿分之一米：常用于X射线和伽马射线

图9：完整的电磁波谱

在这张图中可以看见，整个电磁波谱被划分为七个区域。可见光的区域分布在这张图片靠近中央的部分，它的定义来源于人眼所能看见的波段范围。相应的波长标数以10进制刻度列在图片的下方。不同种类的光波之间的分界相对比较模糊，只是出于使用方便而划分。注意光谱本身是开放的，因此不存在波长最短的光，也不存在波长最长的光。

无线电波是光谱里携带能量最少的电磁波，但却拥有最长的波长。虽然无法定义波长最长的射电波，但从技术上讲，探测比1千米还长的射电波已没有多大意义。无线电波主要被用于广播通信，这也对我们探测遥远星空中暗弱的天然无线电信号源构成了很大的挑战。

（译注：无线电波在天文学中通常称为射电波，以下开始沿用此名称。）

微波同样被应用于通信，包括移动电话。微波通常又可细分为毫米波和亚毫米波，分别对应天文学上不同的探测技术。微波也因为被广泛应用于微波炉而被我们所了解。这个应用成果源于微波辐射能被水分子充分吸收，如果我们想在地面上接收来自宇宙空间的微波信号，也需要充分考虑这个特性。

红外线位于可见光和微波之间。红外线通常被理解为"热辐射"，因为任何温暖的物体都能辐射出我们所能感知的红外辐射。

可见光构成了光谱上肉眼所能看见的一部分，尽管它在日常生活中最为人们所熟知，却是光谱中最窄的一块区域。

紫外线起始于光谱上的蓝光。在地球上，它因为日光晒黑效应而被人们所熟知。

X射线的能量极高，超越了紫外波段。X射线中的光子能携带足够多的能量从而穿透非常多的物质。这个特性使得拍摄X射线照片成为探究人和动物内部构造的有效手段。

伽马射线位于光谱上波长最短的一边。每个光子所携带的能量如此之大，以至于它具有毁灭性的效果。伽马射线能扰乱电路，甚至破坏DNA，大量的伽马射线能将生命体杀死。宇宙中只有极大质量的天体才会产生伽马射线。

"我们如何来表现那些不可见光的图像呢?"

描绘不可见光的影像

当我们浏览一本画册的时候,我们所看见的颜色总是真实存在的。我们看到的总是湛蓝的天空、绿油油的树叶。我们肉眼所看见的红色、绿色和蓝色的组合与我们用印刷品或者在屏幕上表达它们的样子是一一对应的。这个过程可以被描述为"自然色",因为它就是我们的肉眼根据实际所见而描述出来的真实色彩。

但是,我们刚刚已经明白,宇宙之光已被远远地扩展到可见光区域之外大得多的范围。颜色被提升到了一个全新的概念领域,它包含了光谱上我们肉眼看不见,但是通过一定的技术手段能够探测到的区域。那么,我们如何来表现那些不可见光的图像呢?

由于我们的肉眼只能看见红、绿和蓝三种基本颜色,这是当我们将不可见光部分转化成图像时唯一的选择。我们可以选取光谱上任何一个波段的影像,将它们通过红、绿、蓝的颜色表现出来,其结果就是原本单凭我们肉眼根本看不见的一些东西着色后被生动地展示出来了。

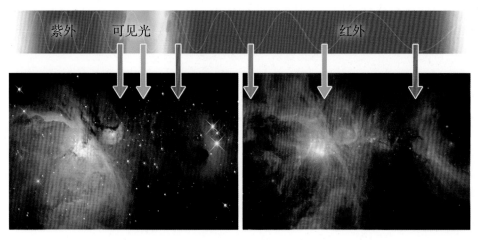

紫外　可见光　　　　　　　　　　红外

"自然色"　　　　　　　"代表色"

图 10: 将原本不可见的东西描绘出来

我们的肉眼只能接收三个基本的原色——红、绿和蓝。上图中,两张用不同颜色描绘而成的猎户座大星云的图片展示在我们眼前。左边的图像是"自然色",也就是肉眼看见的大星云。右边则是使用三个红外波段曝光后形成的红、绿和蓝色影像,这一过程被称为"代表色"绘图法。

"对于天文学家而言，多波段宇宙空间中的色调多到无法想象。"

在这些画面中，我们所看见的红色、绿色和蓝色不再是我们平时肉眼所直接看见的颜色，而是一种用"代表色"来表达广义光谱上的各种颜色。过去，我们曾经称这样的处理手段为"伪彩色"，但是这个名称有所误导。"伪"这个词从某种意义上给了我们一种暗示，好像这个色彩是"假的"，就像画家用颜料给黑白照片上色一样。但是，"代表色"影像其实是依据不可见波段的真实情况，再采用肉眼对可见光的观察方法进行调整后呈现出来的。

对于天文学家而言，多波段宇宙空间中的色调多到无法想象，好比一个巨大的调色盘。红色、绿色和蓝色在拍摄不同的物体时所代表的意义完全不同，由此，它们可以将完整的光谱图片带给我们，同时也将别具一格的美轮美奂带给我们欣赏。

如果暂时将"那些色彩究竟代表什么内涵"的问题抛在一边，我们将会从这些图片中获得更大的愉悦。这本书中许多图片都是"代表色"的，附带有明确的色谱解释，我们就能明白哪些颜色在各自的画面中分别代表哪些波段。遵循这样的规律，就能让颜色成为我们的向导。因此，这里的颜色不仅仅具有审美上的意义，也将具有丰富的科学含义。我们将超越生理进化的局限，去探知那些原本可能永远隐秘的宇宙。

> "电磁辐射的来源其实只有很少的几种，但是当它们混合在一起，就形成了这个多姿多彩的宇宙世界。"

光的来源

我们的宇宙充满了光，但是这些光是从哪里来的呢？电磁辐射的来源其实只有很少的几种，但是当它们混合在一起，就形成了这个多姿多彩的宇宙世界。

从根本上来说，光是一系列电场和磁场交互振荡而产生的现象。因此毋庸置疑，光是在带电粒子的运动和能量跃迁中产生的。如果你能取出一个电子或者光子来回震动，你也就不由自主地造出光来了。这个经典的理论因为牵涉到量子力学领域的知识而稍显复杂。但是借助这个理论能够帮助我们更好地了解我们在宇宙各处观察到的现象。

黑体辐射

我们周围大部分的光都源自于一种名为"黑体辐射"的物理过程。这种辐射的光谱只取决于辐射体本身的温度，不论这个辐射体是一块岩石，一个人，一颗恒星还是整个宇宙本身。

基本原理其实很简单。想象一个物体能够完全吸收所有落在它上面的光子——这个物体将特别地黑，因为任何光照射上去都不会被反射出来。由于光子带有能量，伴随着吸收越来越多的光子，该物体就会越来越热。为了在它所处的环境中获得平衡，唯一的途径就是将它所吸收光子中蕴含能量一样多的能量辐射出去。这种辐射就被称为黑体辐射，它的特性只依赖于物体本身的温度。

黑体辐射的规律在物理学上被称为普朗克定律。黑体辐射的能量分布有一个特别的形式，即光的强度和波长的关系会随着辐射体本身温度的变化而变化。一旦提高黑体的温度，光的能量就会向波长更短的蓝光波段移动。这种现象被称之为维恩位移定律。

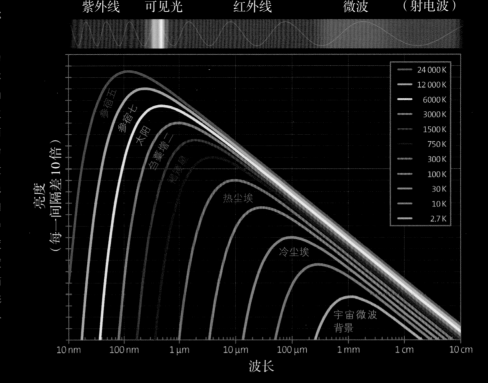

图11：不同天体产生的黑体辐射

不同天体发出的辐射作为温度的函数，不断重复着黑体辐射的基本形状。随着温度的变化，光亮度的峰值也会随波长而移动。例如，太阳的表面温度约6000 K（更准确些应为5500℃或5773 K，图中为黄线）。在可见光波段中的红色区域表现最为明亮。如果太阳的温度减半（即3000K，图中橙色线），它在黄色区域的亮度就会减弱100倍，而峰值亮度将移到红外波段。注意上图两个轴向的标度都是采用对数形式，因此每一标尺都是前一个标尺的10倍。

紫外线　　可见光　　　红外线　　　　微波　　（射电波）

亮度
（每一间隔差10倍）

24 000 K
12 000 K
6000 K
3000 K
1500 K
750 K
300 K
100 K
30 K
10 K
2.7 K

参宿五
参宿七
太阳
仓廪增二
船底星
热尘埃
冷尘埃
宇宙微波背景

10 nm　100 nm　1 μm　10 μm　100 μm　1 mm　1 cm　10 cm

波长

"甚至人体本身也会发出黑体辐射。"

太阳的表面温度大约为5 500℃，在黄色光谱区间表现得最为明亮。炙热恒星的最亮部分则会出现在紫外波段。甚至人体本身也会发出黑体辐射；一个温度37℃的自然人躯体（约310 K），将在波长约10微米的红外波段发出最强的辐射，但它在可见光波段发出的辐射就过于微弱了。

黑体辐射无处不在，接下去的章节中还将经常提及。它是太阳的光辉，是白炽灯的光芒；人体、行星，以及星际尘埃中寒冷的星云都会发出黑体辐射。它也经常被描写成热辐射，成为天文学家们丈量宇宙温度的标尺。对一个天体黑体辐射的波谱进行测量和分析就可以有效地了解它的实际温

"通过检测和分析遥远的恒星和星系发射出的谱线，就可以确定它们的化学成分和物理特性。"

谱线辐射

20世纪初的量子力学革命彻底改变了我们对于宇宙的认识，同时，也赐予我们一些探索遥远天体秘密的工具。谱线就是原子或分子在某些特定的狭窄波长区域内发出辐射或吸收辐射，从而造成原来连续的光谱在某些波长处产生特别强的凸起或凹陷。每个原子或分子都有一些特定的谱线，因而就像我们每个人的指纹一样，通过检测和分析遥远的恒星和星系发射出的谱线，就可以确定它们的化学成分和物理特性，例如它们的温度、密度和运动状态。

量子力学的基本原理就是，当我们开始关注宇宙中的最小尺度时，发现能量只来自于离散的波包，或称为量子。在一个原子中，带负电的电子要携带一定的能量才会沿循某一特定轨道围绕着带正电的原子核旋转。这个能量的多少取决于元素的种类（也就是原子核内有多少质子和中子），以及有多少电子受其束缚。

能量总是守恒的，任何东西都不会平白无故地出现。一个处于较低能级的电子可以在捕获一个路过的光子后跃迁到一个较高的能级，这两个能级之间的能量差就等于那个被吸收光子的能量。相反地，一个高能级的电子跃迁至较低能级时，也将释放等同能量的光子。

由于光子携带能量的多少直接影响到它本身的波长，每个原子（或者分子）的能量转换与光波长的对应都非常准确，这就是所谓的"谱线"。这一术语得名于它在光谱仪中的表现形式，这种仪器用于测量光束通过一条狭缝之后的行为。

如果电子从高能级落入低能级并释放出光子，谱线即表现为发射线；相反，如果电子吸收了一个波长合适的光子，谱线就将表现为吸收线。

科学家们常用"荧光"或"二次辐射"来描述高能光子被一个物体吸收后，又被转化成一种或者多种较低能量（较红）光子的过程。这一过程类似于荧光或冷光现象，紫外辐射会激发玻璃罩内层的材料产生可见光。这是一个被动的过程，类似用荧光颜料去捕捉蓝光后会释放出鲜艳的绿色、黄色或红色。甚至一张白色的书写纸，如果含有能够对蓝光和紫外光产生反应的荧光材料，就会变得"比白色更白"。

天文学家凭借他们对于已知原子和分子各不相同的化学"指纹"的知识，就可以对遥远恒星和星云的组成成分进行分析。这本书中美丽的星云色彩，通常都是由于包裹于其中的炽热恒星产生的荧光效应。

图12：一些荧光物质的例子

这张图展示的是不同种类的矿物在紫外光照射下发出可见光的情形。同样的情况也发生在我们的宇宙中，一些尘埃气体云暴露在周边的恒星的高能辐射之下，常常可以在较长的波段发出辐射。

"如果用我们日常经验来做判断标准的话,宇宙中也有很多辐射过程是十分古怪的……"

非热辐射

如果用我们日常经验来做判断标准的话,宇宙中也有很多辐射过程是十分古怪的。举例来说,带电电子和质子在磁场中沿着螺旋形路径运动时会产生电磁辐射(称为同步加速辐射)。快速运动的粒子在电场中相互之间发生偏转时,也会产生辐射(称为韧致辐射)。这种情况在射电波段尤其明显,后面的第七章节中将以较长的篇幅对此进行讨论。

第二章　地面天文观测

这张照片展示的是位于澳
大利亚新南威尔士州纳拉布里
城（Narrabiri）附近的澳大利亚
射电望远镜密集阵列（ATCA）。
拍摄时间在日出之前，水星、金
星和月球都出现在了天线阵列
的背景天空上。这三颗星像三
盏明灯一样高高悬挂在东边的
天空，而水星则是其中位置最
高的一颗。澳大利亚射电望远
镜阵列由六台比一栋房子还大
的射电望远镜组成。这个阵列
的观测有时还会加入一些距离
更远的望远镜，例如64米直径
的帕克斯射电望远镜，它们一
同构成了世界上最高分辨率的
观测设备之一。

天文学是一门观测的科学。除了太阳系内天体的研究可以发射
探测器到达目标之外，其余的大部分研究对象都不太可能直接进行
实地考察和实验，因此必须通过望远镜对光信号一点一点地收集之
后，再通过类似照相机和光谱仪之类的仪器进行分析和处理，在其
光谱中得出研究对象更多的信息。大部分的地基望远镜都被架设于
偏远地带的山顶，目的就是尽可能地减少地球大气层对观测的影响。
人们总是以为地基望远镜就是那些收集遥远星光，拥有巨大镜面的
大块头们，但这其实并非地基望远镜的全部。

"伽利略将自己第一次用望远镜观测到的新天体和新现象，一五一十地记录了下来。"

望远镜于17世纪初由一名荷兰眼镜商发明，并于1609年被意大利人伽利略·伽利雷（Galileo Galilei）第一次用于天文观测。伽利略将自己第一次用望远镜观测到的新天体和新现象，一五一十地记录了下来：月球上的环形山、木星的卫星和太阳表面的黑子现象。

从伽利略开始，全世界范围内已建立了数千个天文台。从20世纪60年代开始，天文台的足迹甚至出现在了太空之中。从太空中观测的确拥有很多优势，但是它们的造价太过昂贵。而且除去大名鼎鼎的哈勃空间望远镜这个特例之外，也不太可能在太空中对观测设备进行维修和更新。因此，如果能够在地面上找到合适的地点来建造大口径的超级望远镜，同样十分诱人。工作于可见光、红外线和射电波段的地基望远镜，是奋战在天文学研究最前线的设备，也可以作为那些造价昂贵、口径相对较小的空间望远镜所做观测工作的重要补充。

大气层的阻隔

地基望远镜不得不面对来自大气层散射和扰动的影响。即使是架设在经过精挑细选的地点，大气层也将会完全或者部分地将电磁波谱中相当大的一部分辐射给遮蔽掉。

从能量最高的伽马射线，经过X射线波段一直延伸至近紫外波段和波长300纳米左右的区间内的辐射都会被大气层完全吸收。因此在地面上，天文学家根本观测不到这个波段内的任何信号。可见光波段相对而言要通透很多，特别是在海拔较高的地点，那里也会有一定数量的适合红外观测的窗口，可以延伸至20微米左右的波段。之后，在一个相当长的光谱区域内，覆盖了远红外波段，直到波长1毫米以下的范围中，大部分的辐射又再次被大气层所吸收，只有极少数几个"小窗口"除外。在毫米波和亚毫米波

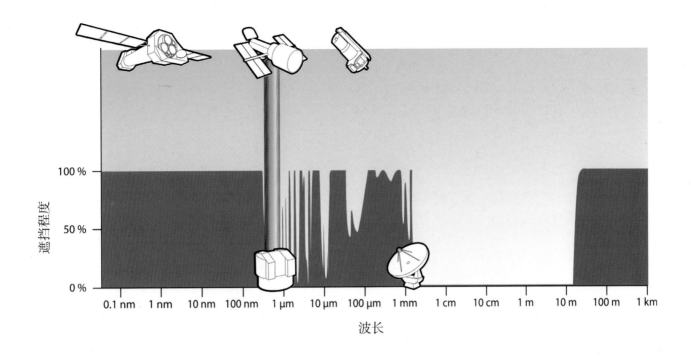

纵轴: 遮挡程度 100 % / 50 % / 0 %

横轴: 波长 — 0.1 nm · 1 nm · 10 nm · 100 nm · 1 µm · 10 µm · 100 µm · 1 mm · 1 cm · 10 cm · 1 m · 10 m · 100 m · 1 km

范围内,主要吸收辐射的对象是水,在这个区域内要想获得相当有效的观测结果,就必须在一个非常高而且极其干旱的地点,类似位于智利北部海拔5 000米的查南托高原(Chajnantor plain),也就是阿塔米毫米/亚毫米波阵列望远镜(ALMA)的所在地。对于波长更长的射电电波(波长1厘米及更长),大气层对它们的通透度是相当高的,尽管有时候条件并非最佳时,仍然会造成射电讯号组成"图像"的变形。继续延伸到波长约20厘米时,地球的电离层最终将电磁波完完全全地阻断了。在吸收和散射光的同时,大气层还会在没有太阳照射的夜间发出辐射。在近红外波段,某些气态分子,特别是氧原子和氢原子的组合(氢氧基),会产生较强的辐射,使天空显得相当明亮。在更长一点的红外波段,大气层显得非常明亮,原因很简单:它自己也在发出热辐射。

大气的存在不仅阻碍和减少了来自天体的辐射,而且"乱流"(经常乘坐飞机的乘客会很熟悉这个词)也会造成入射光线的微小偏折,并随着时间和位置不断变化。天文学家将这种大气影响称为"视宁度"。视宁度经常会

图14: 大气层在整个电磁波段的遮挡情况

大气层对大型天文观测设备的遮挡程度各不相同。空间望远镜位于上图的最顶端,自左开始依次分别是: XMM–牛顿望远镜、哈勃空间望远镜和斯皮策空间望远镜。而位于底部的两台观测设备则位于大气层对光线尚未全部遮蔽,光线能够透过大气层直达地表的两个"窗口",它们分别是地基望远镜甚大望远镜(VLT)和阿塔米毫米/亚毫米波阵列望远镜(ALMA)。

图15：VLT的自适应光学系统正在工作中

位于智利的甚大望远镜（VLT）正使用一束激光在夜空中制造出一个人造星点，帮助自适应光学系统进行大气扰动的修正。

层造成的这些影响，现代大型天文望远镜经常会配置一些能计算和修正大气扭曲效应的高速设备。这种被称为"自适应光学系统"（AO）的技术在合适的环境下，极大地激发了大型地基望远镜拍摄清晰图像的巨大潜力（望远镜越大，它的分辨率越高）。

为了测量乱流的影响，以便进行正确的修正，自适应光学系统需要一颗位于被观测对象附近且具有一定亮度的恒星作为参照。如果附近区域内不存在这样一颗亮星的话，天文望远镜就会发射一束激光打向天空，从而在这片指定区域内制造一个人为的星点（如图所示）。这颗"星星"是光线反射大气层以上90千米高的钠离子层的结果。

地基望远镜的类型

电子技术和计算机技术的发展大大加速了望远镜技术发展的步伐。为了克服视宁度的影响，跨越大气吸收的障碍，需要极大的创造力。如今的天文望远镜与伽利略当年观测星空的单筒望远镜相比已有天壤之别。简单地说，五花八门的地基望远镜可以被粗略地归为七大类：经典的可见光波段的反射望远镜（有些还具备不错的近红外波段观测能力）、太阳望远镜、亚毫米波望远镜、射电望远镜（它们彼此之间常常会联系起来组成一个被称为射电干涉网的巨大的天线阵列）、宇宙射线观测站、中微子望远镜和引力波望远镜。给其中有些观测设备贴上"望远镜"这个标签其实并非十分恰当。图16可见具有代表性的各类望远镜。

未来的地基望远镜

目前，几个新的地基天文台正在筹备或已在建设之中。人们对可见光波段望远镜最关心的问题就是：究竟要建多大？现在已有3个非常巨大的望远镜正处于不同的建设和发展阶段。欧洲的E–ELT装备有一面直径达42米的主镜，它在很多方面都拥有革命性的设计，例如采用5块主镜面和先进的自适应光学系统来修正大气扰动。E–ELT位于海拔3 000米的智利阿塔卡马沙漠。

另外两个正处于研制阶段的"大家伙"都由美国主导。由7面直径8.4米主镜片组成的巨型麦哲伦望远镜于2015年开工。这个由这7面镜片组成的主镜捕捉星光的能力相当于装备有一面直径21.5米主镜的望远镜；它的光学分辨率实际上等效于一面直径24.5米的主镜。这个巨型仪器被建造在位于智利的拉斯·坎帕纳斯天文台（Las Campanas Obsvervatory），这个天文台已经建有直径6.5米的麦哲伦望远镜。被认为巨型版凯克望远镜的加利福尼亚30米望远镜于2016年竣工。将近500块独立镜片组成了庞大的直径30米的主镜面，确保它的通光量达到凯克望远镜的10倍的同时，图像分辨率也达到它的3倍。

ALMA射电望远镜阵列由66架高精度的射电天线组成，组成这个阵列的单体望远镜可以在巨型卡车的牵引下重新组合成不同的阵列形式，从而确保对来自遥远的星系和相对较近的恒星形成区的毫米波信号取得前所未有的观测效果。

"平方千米望远镜阵列"（SKA）将会是一个无比巨大的射电观测网络，将在方圆1平方千米的范围内聚集众多的射电接收天线。它将使天文学家们获得前所未有的射电宇宙新形象。SKA可能建造在澳大利亚或南非。它的灵敏度将达到其他任何射电接收设备的50倍。

图16：一些地基天文望远镜

1. 甚大望远镜（VLT）：由4台独立的主镜口径8.2米的可见光/红外望远镜组合而成。VLT由欧洲南方天文台建造和运作，位于智利北部阿卡塔玛沙漠海拔2635米帕瑞那山上的帕瑞那天文台（Paranal Observatory）。每一个单体望远镜都可以和另外4个1.8米口径的辅助望远镜一起构成光学干涉系统。

2. 凯克望远镜：凯克天文台是由两台巨型望远镜组成，位于夏威夷莫纳克亚海拔4145米的山峰之上，每一个望远镜的主镜均为直径10米，都由36块六角形的镜片组成。这两台望远镜也可以构成一个简单的光学干涉系统。

3. 昴星望远镜：由日本国立天文台建造的8.2米望远镜，位于莫纳克亚山，其名称来自于著名的昴星团。

4. 双子天文台：由两个8.1米直径的望远镜组成，其中一个位于夏威夷的莫纳克亚山，另一个位于智利的帕切翁山（Cerro Pachón）。

5. 瑞典太阳望远镜: 穆查丘斯罗克夫天文台（Roque de los Muchachos Observatory）的1米太阳望远镜，位于加纳利群岛。它是世界第二大的折射望远镜，使用一个真空管和自适应光学技术来获取最高精度的太阳影像。

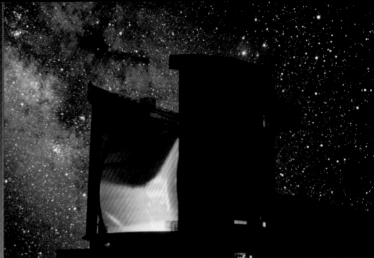

6. 詹姆斯·克拉克·麦克斯韦望远镜（JCMT）: JCMT是一台位于夏威夷莫纳克亚天文台的15米直径亚毫米波望远镜。它用于研究太阳系、星际尘埃及气体和遥远的星系。

7. 帕克斯天文台: 帕克斯望远镜是一台位于澳大利亚新南威尔士帕克斯镇上的64米直径全可动射电望远镜。这台望远镜曾经参与了阿波罗登月的电视转播。1963年，这台望远镜证认出第一个类星体。

8. 甚大射电望远镜阵列（VLA）: VLA由27面独立的射电天线组成，每一个天线的直径都是25米。天线沿着三个方向排列，形成一个Y形，每一个边的长度都达到21千米，可以用于非常精密的干涉测量。

9. 大气伽马射线成像大型切伦科夫望远镜（MAGIC）: MAGIC是一个直径17米的伽马射线望远镜，位于加纳利群岛拉帕尔玛海拔2 200米的穆查丘斯罗克夫天文台。它主要用于探测宇宙伽马射线，其原理是观测宇宙伽马射线粒子在大气中产生的切伦科夫辐射。

10. 皮埃尔·奥杰天文台: 位于阿根廷的潘帕·阿玛尼拉（Pampa Amarilla），3 000平方千米区域内摆设的1 600个水箱构成了皮埃尔·奥杰天文台。这些水箱可用于检测宇宙线穿透地球大气时产生的高能粒子。作为补充，另外还有一些光学探测器用于测量这一过程中可能产生的荧光。2008年11月中旬，该天

第三章 空间天文观测

空间天文望远镜的诞生使我们对宇宙的认知发生了革命性的改变。从太空时代伊始,人类发射了种类繁多、具备各种任务使命的人造卫星,其中包括: 测地、通信、定位和军事卫星,还有能够提供航天员长期居住的空间站。而太空望远镜就是这些人造卫星中的一种。

在太空中,因为没有大气的存在,这些望远镜得以接收到地面上无法观测到的恒星和星系的辐射。尽管它们相当昂贵,但是对于搜寻那些无法在地面上进行观测的光子信号来说,它们是不可替代的。

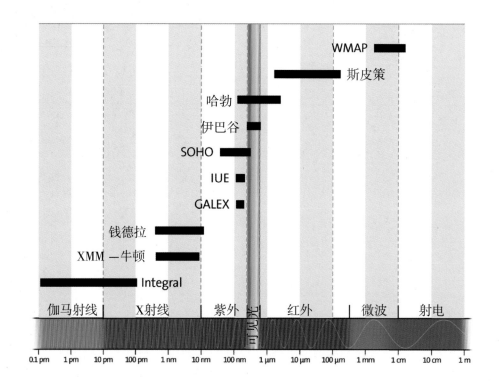

图18: 以往和正在工作的空间望远镜

图示为一些最重要的空间天文望远镜及其在光谱上的工作波段。较短的波段（X射线和紫外线）位于偏左的位置，较长的波段则位于偏右的位置。

苏联于1957年成功发射了第一颗人造地球卫星，宣告人类从此进入了太空时代。此后只过了短短五年，美国航空航天局（NASA）就于1962年发射了第一颗真正的天文科学卫星——OSO-1。迈出这第一步之后，迄今已有超过100颗不同种类的天文观测设备被发射升空，这其中有一部分已经广为人知。它们在天文学的很多新领域里获取和积累了大量的有价值信息。

大部分的天文观测卫星都环绕地球运行，但是也有少部分例外。出于不同的任务需要，有些卫星会选择不同的目的地和运行轨道。例如有些探测器需要避开与地球磁场有关的辐射带，因其电子线路可能遭受伤害，而有些探测器则必须远离地球这个热辐射源。

还有一种被称为"半太空站"的观测模式，它介于地基观测站和空间望远镜之间，例如BOOMERanG（球载望远镜）这样的高空气球探测器或SOFIA这样由改装过的波音747客机搭载的红外望远镜。这些观测手段能够很好地规避掉地面观测所面临的问题，同时也比空间探测器便宜不少。

"迄今已有超过100个不同种类的天文观测设备被发射升空。"

将天文望远镜送到太空有很多无可比拟的优势。其中最重要的就是能够跃出大气层，从而规避掉因乱流、辐射和吸收等现象对观测所造成的严重不利影响。而重中之重的优势则是，将望远镜置于太空中，能够接收到地面上因大气吸收而无法被观测到的辐射，并能完全不受干扰地对布满了星辰和深空天体的天空进行观测。既然如此，又是什么在阻碍我们开拓利用理想的太空环境的进程呢？巨额的花费（"天文数字"）只是一个方面，要研制这些极其复杂的、能运行在遥远太空并且还能方便科学家操控的设备需要花费相当长的时间。此外，将这些设备安置于运载火箭的顶部并随之一同进入太空，也是需要冒很大风险的。

这就是为何在地面上依然需要不断建造大型观测站的原因。在地面上，最先进的技术可以非常快地被用于观测设备的改造升级，并且给予建造更具威力、更大口径的天文望远镜以充分的技术支持。

可靠性

将观测站发射到太空执行任务后，一般都将持续数年甚至数十年，因此设备设计师们会非常着重地考虑到设备部件的可靠性问题。除了著名的哈勃空间望远镜（由一个航天飞机机组成员对其进行维护）之外，大部分的飞船在发射后都因遥不可及而很难再进行相应的维护。

"科研卫星就像是一座在太空中能够自给自足的小城市，它由非常多的基础部件组成。"

　　所有的机械和电子部件都必须经过充分的测试和检验，确保这些观测器在发射后能够在严酷的环境中生存下来并正常工作。剧烈的震荡、极大的温度变化和充满有害辐射的环境都会被用来检测部件的可靠性。不仅需要经过充分测试检验的高质量部件，通常还需要在允许的条件下制作足够的冗余备件。一般而言，建造一个能在太空环境下运行的设备需要花费好几年的时间。与此同时，在研发的过程中，更先进的技术也会不断涌现。在确定设计方案的"冻结点"之前，科研人员都会尽最大的努力将最先进的仪器设备换装上去。

　　除此之外，许多飞船依赖于连续使用燃料，或是消耗液态或气态的冷却材料，这些都将使它们的使用寿命受到很大的局限。

卫星里面有什么？

　　许多科研卫星看上去和地基天文台所装备的望远镜非常相似，但是内部却有着根本的不同。科研卫星就像是一座在太空中能够自给自足的小城市，它由非常多的基础部件组成，其中包括：主镜、望远镜镜筒、探测设备、能量供给装置（电池和太阳能板）、通信设备、计算机、导航系统以及成百上千的传感器。图19中对这些部件做了详细的展示。

　　主镜：空间观测站上最重要的部件就是主镜。放大倍率在这里并不重要，关键在于能够有效收集光线的面积。主镜镜片越大，就越能接收到更多的光线，观测到更暗的天体。望远镜观测所使用的波段距离可见光波段越远，它的主镜和周围结构的设计就越是特别。

　　观测可见光波段时，常规的镜面就可以胜任。光线也基本上是垂直地照射在镜面上。与此不同的是，X光线所携带的光子具有极大的能量，如果迎面照射在常规镜面上，就会直接穿透镜面。在这种情况下，取而代之的是

斯皮策

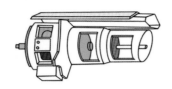

哈勃

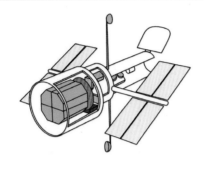

XMM-牛顿

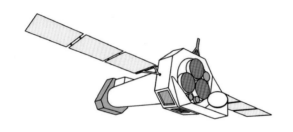

■ 电池　　　　　■ 计算机　　　　　■ 主镜　　　　　□ 太阳能电池板
■ 通信天线　　　■ 导航和指向控制系统　■ 探测设备　　□ 望远镜镜筒

一组嵌套的柱面镜，让射线以半度左右的角度擦过镜面，这样，这一组柱面镜中的每块镜面都只会产生少量的偏转，最终再汇聚到镜筒较深处的探测设备上（镜筒要相当长）。

在伽马射线波段工作的人造卫星根本不能使用镜面进行观测。光线、射线都必须直接落入探测设备，通常是一种经过精巧设计，被称为"编码掩膜"的遮光板，使卫星能够绘制出适当的图像。

"卫星的每个零件都必须经过精确的计算和称量，就如同你必须非常细心地为一次长途背包旅行挑选装备一样。"

望远镜镜筒： 镜筒的主要功能在于将主镜和探测设备保护起来，免受额外辐射的干扰，并维持望远镜的稳固。望远镜身处于太空中，由于环境温度的急剧变化，会导致望远镜"大喘气"，即严重的热胀冷缩。对于那些以纳米级单位来精确定位的精密仪器来说，这种现象的发生会成为一个大问题。因此每时每刻都必须对空间望远镜的细小变化保持监测。望远镜的镜筒越是实心，"喘气"的幅度就越小，当然相应地就会增加它的重量和造价。名设计卫星的工程师必须是一位利落的打包员，同时还需要精通轻装旅行。制造和发射一颗卫星异常昂贵（将近每公斤10万欧元）。因此，卫星的每个零件都必须经过精确的计算和称量，就如同你必须非常细心地为一次长途背包旅行挑选装备一样。

探测设备： 探测设备是天文学家们最关心的部件。正是在这里，光被自动记录下并被转化为电信号。它们是望远镜的眼睛。探测设备的属性取决于它所要观测的波段，因此探测设备运作的方式也是多种多样的。对于可见光波段的望远镜来说，最可信赖的标准装备就是CCD（电荷耦合器），它类似于广泛应用的数码相机上的元件（尽管两者还是有少许差别：天文学研究上使用的设备为了减少背景噪声而经常用冷冻到0℃以下的CCD）。探测设备的技术在过去的几十年里获得了长足的进步。

能量供给装置： 空间观测站的能源供给通常来自于太阳能电池板，它可将太阳光能转化为电能。当卫星处于地球的阴影之下，无法照射到阳光时，就会使用这些经光电转化后储存起来的电能来供电。

通信设备： 通常使用抛物面天线作为与地面指挥部的信息传递设备。有时（对哈勃则是一直如此）还需要中继卫星来将信号传回地球。

计算机：卫星搭载的计算机被用来整理和处理数据，还可以用于储存和发布需要进行观测的指令。与其他应用于空间技术的高科技部件相比，计算机常常会显得过时。例如，哈勃空间望远镜所用的就是一台20世纪80年代末期发展出来的80486处理器。

导航系统：科学家对于卫星每时每刻的运行方向和位置都必须有十分精确的了解。在许多情况下，卫星的导航系统控制着它的飞行方向。例如哈勃空间望远镜，整个航天器的位置被精确定位到千分之几角秒。整个导航系统包括一个太阳传感器、磁力计、星象跟踪仪、陀螺仪和能够精确导星的特制光学干涉仪。

传感器：成百上千个传感器不停地将搭载仪器上的有关环境、温度、电流和压力等信息上传反馈给工程师。

未来的空间天文观测站

美国国家航空航天局（NASA）、欧洲航天局（ESA）和加拿大空间局共同建造的哈勃空间望远镜的继任者——詹姆斯·韦伯空间望远镜（JWST）将会在2021年升空。这架望远镜装备有一面直径为6.5米的主镜。它主要的任务是观测宇宙中第一代恒星和星系发出的光（这些光线已经红移至红外波段）。

图20：空间观测站示例

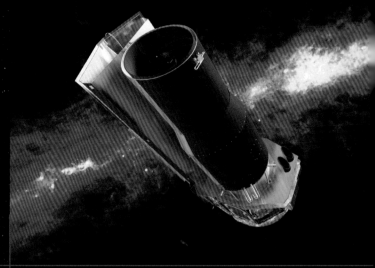

1. WMAP：2003年，威尔金森微波各向异性探测器（WMAP）对宇宙微波背景进行了精细的测量，从中推导出许多重要的宇宙学参数，例如宇宙的年龄（137亿年），宇宙膨胀速率（71/千米/秒/兆pc），以及宇宙的组成（23%为暗物质，72%为暗能量，5%为正常物质）。WMAP是在"宇宙背景探测器"（COBE）的基础上建造出来的，COBE第一次对微波辐射的细小温度差别进行了测量。

2. 斯皮策空间望远镜：斯皮策是一台空间红外望远镜，直径0.85米，浸泡在一个大型液氦瓶中。它以极高的灵敏度和迄今为止红外观测最高的分辨率而成为天文学上的一个里程碑。斯皮策空间望远镜是"红外天文卫星"（IRAS）和"红外空间观测台"（ISO）的后继者。

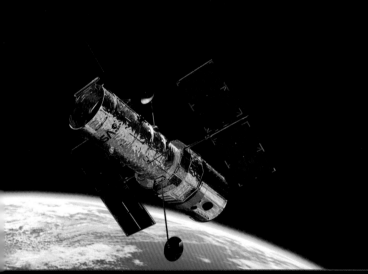

3. 哈勃空间望远镜：哈勃空间望远镜可算是世界上最著名的望远镜了。它就像一台分辨率超高的数码照相机，将它所见最清晰的天体图片发送给我们。哈勃在天文学的众多领域都带给我们全新的知识，例如，它确认了大多数星系的中心都存在黑洞。

4. 伊巴谷：欧洲航天局的伊巴谷卫星于1989年发射升空，是第一颗专门用于测量恒星位置的科学卫星。伊巴谷拍摄了数百万张精细的恒星照片，其测量结果为很多天文学分支奠定了不可替代的基础。除了确定恒星位置的工作之外，伊巴谷卫星还标出了一些未来可能穿过太阳附近的星体。

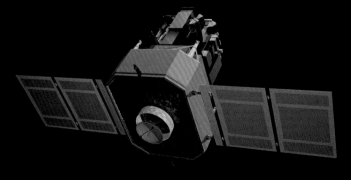

5. SOHO：太阳和太阳风层探测器（SOHO）从1995年发射升空以来，几乎每天都对太阳进行观测，积累了太阳活动现象的庞大数据库。例如，SOHO发现了太阳表面之下复杂的气流运动，还确认了数千颗新彗星。

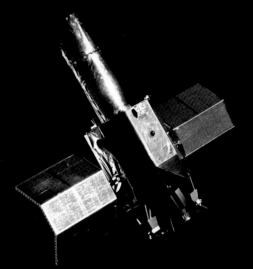

6. IUE：国际紫外探测器（IUE）是一个主要用于紫外光谱观测的天文卫星。在超过19年的观测时间里，IUE对不同的天体进行了10万次以上的观测，这些天体包括：行星、彗星、恒星、星际气体、超新星、行星极光、星系和类星体等。

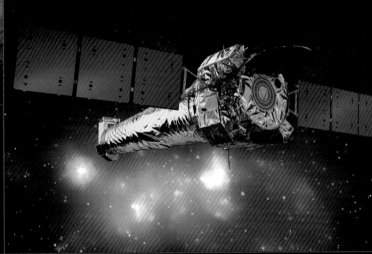

7. GALEX：星系演化探测器（GALEX）是一个在紫外波段观测星系的空间望远镜，它将致力于探索星系和宇宙的基本结构和演化方式。

8. 钱德拉：NASA的钱德拉X射线望远镜是当今最为锐利的X射线望远镜。钱德拉最精彩的影像包括超新星遗迹和针对中子星及黑洞的深层窥探。

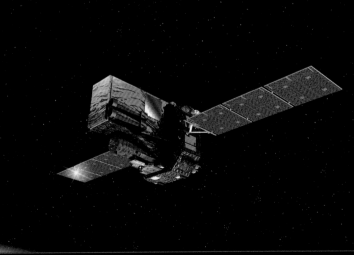

9. XMM-牛顿：ESA的XMM-牛顿望远镜于1999年发射升空。它的58个内嵌镜片能够有效地收集X射线辐射，可比其他任何X射线望远镜更好地测量恒星和星系的组成结构，它可以通过测量难以看见的1千万—1亿度高温的气体，勾画出星系团的演化历史。

10. INTEGRAL：国际伽马射线天体物理实验室（INTEGRAL）是第一个能够同时进行伽马射线、X射线和可见光观测的空间望远镜。它随时保持对黑洞、中子星和所谓伽马射线暴的监测。

第四章 可见光宇宙

图21：蜘蛛星云

这幅宽达1平方度的大麦哲伦星系中的蜘蛛星云的照片是由位于智利拉西亚（La Silla）山巅的欧洲南方天文台（ESO）直径2.2米的天文望远镜拍摄的，该望远镜使用了蓝色、绿/黄色、绿色（电离氧）和红色（电离氢）这4种不同的滤镜。蜘蛛星云是本地星系群中最年轻、最活跃的恒星形成区，它所产生的温度足以激发氢原子发出绿光。星云中的红色主要是氢原子受激而发出的光，还有一些较为年老、温度偏低的恒星也以红色调点缀其间。散落在蜘蛛星云周围的蓝色星团相对而言更加年老，周围也不再有星云环绕。孕育了所有这一切并使之生机勃勃的庞大尘埃分子云依然可见，正是它们遮蔽了许多背景恒星。

电磁波谱中的可见光部分是天文学的基础。这是人们在数千年前首次用肉眼观察星空的立足点，迄今也依然是在所有其他波段进行研究的参考点。尽管许多科学家和工程师正在寻找巧妙的方法来使用不可见的波段进行观测研究，但是对可见光波段的探索依然是大多数研究工作的出发点。当然，可见光波段自身也依然存在许许多多的秘密，留待人类去探索。

在19世纪30年代进行第一次无线电观测（见第七章）之前，人类所有关于宇宙的认识，都来自对光谱中可见光部分的观测。科学家们甚至不知道在可见光之外竟然还存在一个"隐秘的宇宙"。千百年来，天文学家都以相对比较狭隘的眼光去关注我们的宇宙，他们过分专注于研究肉眼可见的物理过程，也许可以称之为"可见光沙文主义"。专注于光谱中的可见光部分当然是非常重要的，而且可以获取大量的信息，但是它只不过是一个完整故事的一小部分。尽管本书的内容主要是关于人类所无法看见的宇宙辐射，但是为了让读者更好地去理解全书的内容，设立一个关于可见光宇宙的章节还是十分有必要的。

可见光的波长之所以被称为"可见"，是因为它们正好就是人类天生用于观察世界的波长。自然选择使我们的眼睛与太阳光密切联系，其中大部分辐射正好就出现在可见光范围。因为生物学上的原因，我们的眼睛对最强的太阳辐射特别灵敏。凑巧的是，与太阳这个普通的G型矮星类似，其他很多恒星，甚至可以说是大部分恒星，都在可见光波段闪烁。

可见光区域

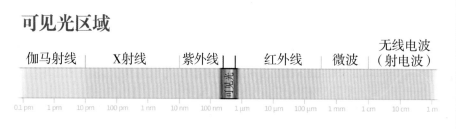

| 伽马射线 | X射线 | 紫外线 | | 红外线 | 微波 | 无线电波（射电波） |

| 0.1 pm | 1 pm | 10 pm | 100 pm | 1 nm | 10 nm | 100 nm | 1 μm | 10 μm | 100 μm | 1 mm | 1 cm | 10 cm | 1 m |

虽然可见光波段是所有波段中最窄的一个，然而人们对所有可视范围内的不同颜色都非常熟悉。因为我们通过自己的双眼可以直观地了解各种颜色，比如紫色、蓝色、绿色、黄色、橙色和红色。人类可以感知的可见光波段从380纳米延伸到740纳米。

- 紫色：380 – 450纳米
- 蓝色：450 – 490纳米
- 绿色：490 – 560纳米
- 黄色：560 – 590纳米
- 橙色：590 – 630纳米
- 红色：630 – 740纳米

图22: 恒星形成区NGC 3603

如图所示，通过由哈勃空间望远镜拍摄的影像，我们可以看到恒星形成区NGC3603中包含了银河系中一个令人印象最为深刻的年轻星团。大约100万年前，在一大块尘埃和气体区域中发生了快速的恒星形成过程，最终诞生了这个星团。在NGC3603的中央，核心炙热的蓝色恒星发出的强烈辐射在星团右边的这团气体中雕出了一个巨大的空洞。图片左上角的红色部分可能源自温度较低的恒星，也可能是因为尘埃部分遮挡了星光而产生的。

用Hα滤光片拍摄的金星凌日。

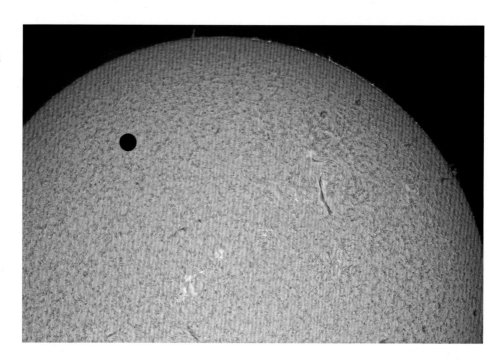

恒星的颜色

晴朗的夜晚,仰望星空,我们有可能分辨出恒星的颜色,但却不是很容易。毕宿五,位于金牛座牛眼部位的这颗恒星呈现出淡红色;而位于猎户座猎人右脚部分的参宿七则是浅蓝色的。不过,正如图24所示,这些颜色之间的差别十分细微,很难分辨清楚。

图24: 恒星的颜色

根据从蓝到红的颜色差别,可将恒星区分为从 O 到 M的七种类型。需要注意的是,这些颜色一般都是比较柔和的淡色彩,而不是非常饱和的色调。

O B A F G K M

参宿七（B型星）

毕宿五（K型星）

恒星都是一些气体球,它们向外辐射的行为主要与其表面温度有关。这就是第一章中描述过的"黑体辐射"。太阳的表面温度大约为5 500℃,其辐射行为与同样温度的黑体非常相似。二者之间的细小差别是由于太阳大气中各种化学元素产生的谱线辐射。其实宇宙中理想状态的黑体辐射是极端罕见的。

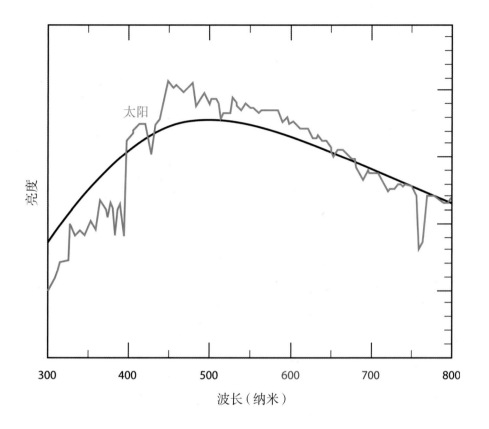

实际的太阳光谱（也就是从地球大气以外观察的太阳）与表面温度为5 500℃的黑体光谱十分相似, 图中可见的一些差异可以归因于太阳大气中一些特定原子的吸收效应。

如果把太阳相应的黑体温度用一种印刷色彩（尽管这在某种程度上依赖于打印技术问题和白平衡点的选择）来近似地比喻, 它看起来是像桃子那样的粉红色, 而不是像哪个傻瓜用肉眼直接去看太阳时所看到的白色或黄色, 这是因为如果直接盯着太阳看, 刺眼的阳光可能使眼睛里的视椎细胞趋于饱和。太阳光谱和理想黑体的微小差别是由于谱线所导致的。

图26: 太阳的真实颜色

如果我们的眼睛尚未因强烈的太阳光而致盲, 那么太阳光的颜色看起来是有点像桃子那样的粉红色（正如图中左侧所示）。注意: 绝对不能尝试用肉眼或者通过望远镜直接看太阳!

"恒星的颜色取决于它的温度。"

恒星的颜色取决于它的温度，因为根据维恩位移定律，温度决定了其光谱峰值的波长。辐射峰值落在哪一个波长区域，结果就对应于该波长相应的颜色。只有少量一些类型恒星的辐射峰值会落在可见光波段。但是大多数恒星对于人类肉眼来说仍是可见的。

典型恒星的光谱通常在可见光波段出现峰值的事实表明，可见光观测是区分不同温度和不同性质（例如大小和化学组成）恒星的有效方法。对黑体亮度峰值的两侧进行测量，是确定颜色的最好办法。

为什么没有绿色的恒星？

图11还可以解释一个有趣的问题：为什么我们在星空中或照片中从来没有见过绿色的恒星？因为黑体的光谱曲线相对较宽，落在不同颜色范围内的辐射与峰值颜色混合在一起，就把色彩冲淡了。比如说炙热的恒星，其辐射强度在蓝色区域出现峰值，看起来是蓝色的。而温度较低的恒星，其辐射强度在红色区域出现峰值，看起来就是红色的。绿色的波长介于蓝色和红色之间非常狭窄的波段，因此表面温度处于上述两者之间的恒星所发出辐射的峰值波长位于绿色区域，但是它并不会呈现出绿色，因为它发出的辐射还包括了部分蓝色和红色，所以混合起来的颜色反而很像白色。

谱线——原子的指纹

正如我们在第一章中所描述的，对于天文学家来说，根据那些遥远的恒星和星系所辐射出的光而记录下来的谱线都是比金子还要珍贵的信息。大部分最重要的原子和分子光谱信息都位于可见光波段，这为那些依赖谱线信息来研究恒星和星系物理性质的天文学家提供了最有效的工具。

"最终导致恒星外层发出辐射的能量来源于炽热的恒星核区的核聚变。"

　　最终导致恒星外层发出辐射的能量来源于炽热的恒星核区的核聚变。根据爱因斯坦著名的质能守恒方程$E=mc^2$，就像在氢弹中氢和氦聚合成较重的原子核而释放能量一样。在炽热的星核中，质量转换为能量并从深层释放出来。但恒星内部能量并不能立即传递到表面，举例来说，太阳核心产生的任何变化都需要大约1千万年才能传递到它的表面。

　　只有非常靠近天体表面的化学元素才会在逃逸出来的光中留下印记，并使得身处远处的天文学家据此描绘出恒星的内部构造。这种惊人的推测能力，是19世纪中叶的人们难以想象的。

宇宙的颜色

　　宇宙的颜色是什么样的呢？这个看似简单的问题直到最近才由天文学家卡尔·格莱兹布鲁克（Karl Glazebrook）和伊凡·巴德利（Ivan Baldry）进行了认真的讨论。对宇宙中所有的辐射都进行完整而精确的统计是非常困难的。虽然如此，使用"2dF星系红移巡天"计划对很大天区中超过20万个星系进行测量的结果，该问题最终还是被解决了。通过将某一区域内所有天体在不同波长处发出的光累加起来，可以得到如下这种"宇宙光谱"：

　　这些可见光的波长平均下来最终会显示出什么颜色呢？结果几乎是白色的，也许略带一点粉红色（取决于印刷技术）。方框中呈现的就是这种颜色。

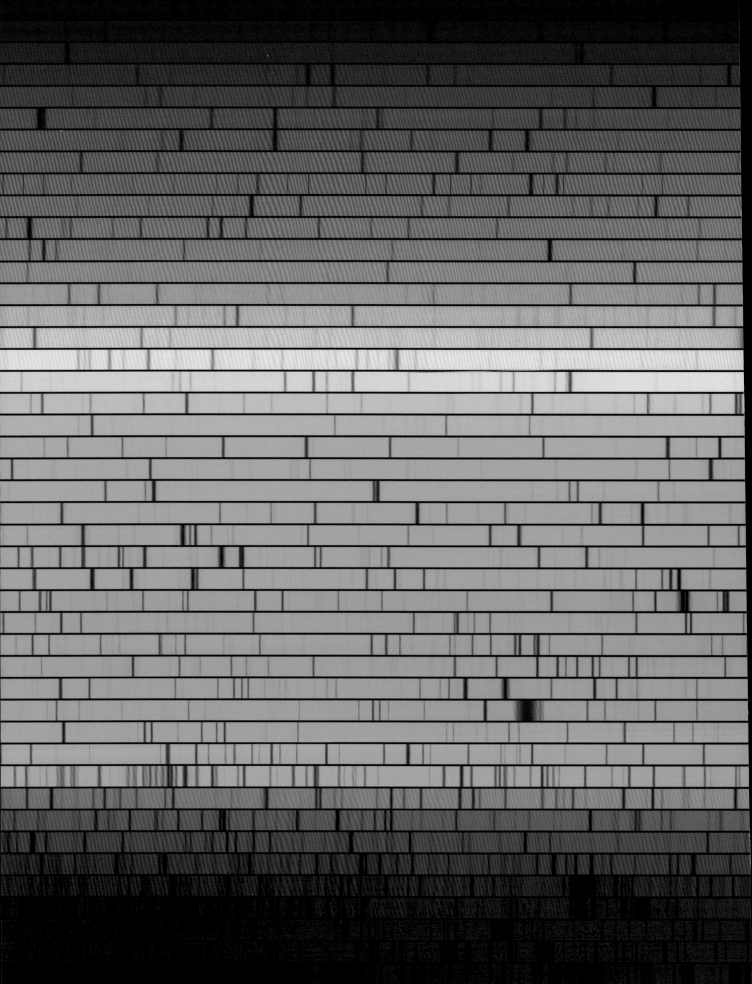

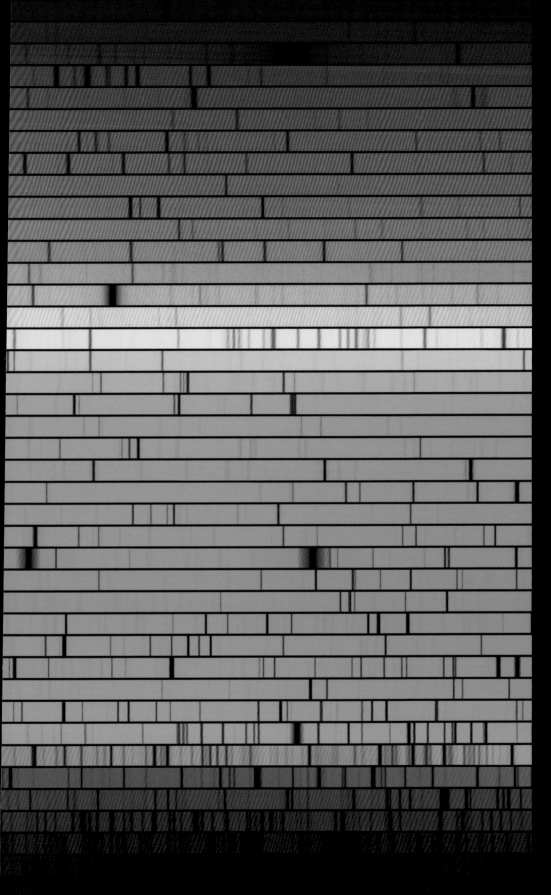

这张令人惊叹的图像显示了太阳的高清光谱，其中布满了谱线，每一条谱线都对应于和某一个特定的原子或分子有关的物理过程。制作这一光谱的数据来自美国基特峰国家天文台太阳望远镜的观测结果。其范围涵盖了从蓝色（400纳米）到红色（700纳米）的可见光波长。鉴于获取这些数据的方法，整条光谱被分隔成许多条状，一条一条地堆叠成了这张图片。图像右上方的红色区域有一个相当宽的暗黑细节，这是由于氢原子的吸收产生的，而一对很强的黄线则是由钠原子产生的。

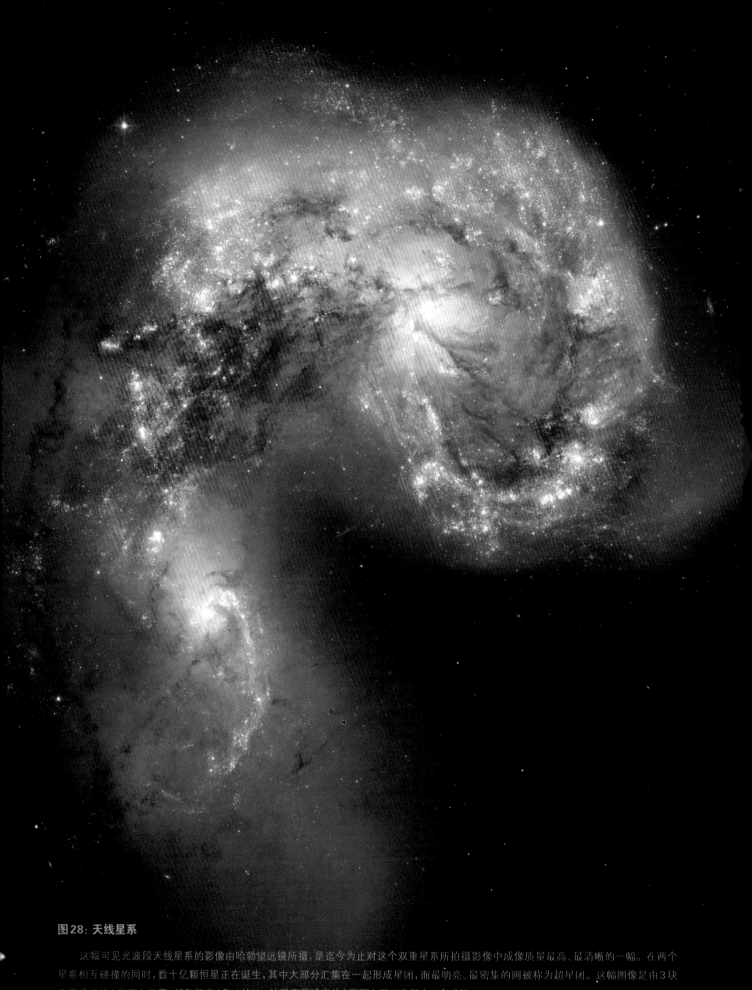

图28：天线星系

　　这幅可见光波段天线星系的影像由哈勃望远镜所摄，是迄今为止对这个双重星系所拍摄影像中成像质量最高、最清晰的一幅。在两个星系相互碰撞的同时，数十亿颗恒星正在诞生，其中大部分汇集在一起形成星团，而最明亮、最密集的则被称为超星团。这幅图像是由3块宽带滤光片（画面上的蓝、绿和红光）和1块Hα波段窄带滤光片（画面上显示为粉色）合成的。

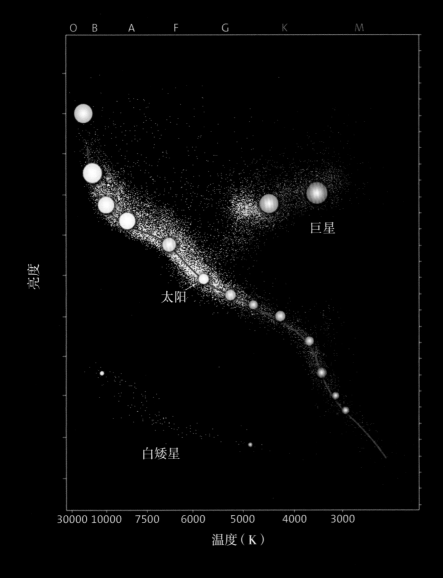

O B A F G K M

亮度

巨星

太阳

白矮星

30000 10000 7500 6000 5000 4000 3000

温度（K）

图29：赫兹普龙–罗素图

赫罗图画出了恒星的温度与亮度的关系。恒星在图中的位置可以提供该星体所处演化阶段和质量的重要信息。处于对角线上的恒星都处于将氢转变为氦的演化阶段，或称为主序星阶段。当恒星的热核反应无法持续的时候，它将最终演变成白矮星（图中左下角）或者以超新星的形式发生大爆炸。恒星演化的最终结果还取决于它的质量以及它是否存在于双星体系之中。图的顶部标示出了从O到M的七种恒星类型。

恒星的演化

在一个好奇的天文学家看来，恒星世界有趣之处就在于它们的颜色和亮度在整个演化过程中都会不断地发生变化。典型的恒星寿命与其质量有关，大质量恒星的寿命仅约数百万年，而小质量恒星的寿命可以长达数百亿年甚至数千亿年。恒星质量越大，就越明亮，但是相应的寿命却越短。

1910年前后，丹麦天文学家埃希纳·赫兹普龙（Ejnar Hertzsprung）和美国天文学家亨利·诺里斯·罗素（Henry Norris Russell）对于恒星演化，或"恒星生命"的理解迈出了关键的一步，他们在一幅图上画出了恒星的颜色与它们的内禀亮度（天文学家称之为"光度"）之间的关系。为纪念

> **"本书中介绍的很多天体都非常暗弱，就算未来能乘坐先进的宇宙飞船去拜访它们，可能也很难看清楚。"**

图30：英仙座双星团

这幅精彩的英仙座双星团的可见光照片是业余天文摄影爱好者罗伯特·简德勒（Robert Gendler）拍摄的。这一对疏散星团距离太阳大约7500光年，位于银河系的英仙座旋臂中。它们也是银河系中最明亮、最密集、距离我们最近的疏散星团之一，其中包含了大量中等质量的恒星。这两个星团中有许多恒星都是蓝色炽热的O型和B型巨星，有些比太阳还要明亮6万倍。

他们对此所做的贡献，该图现在被称为赫兹普龙–罗素图（简称赫罗图），已成为恒星天文学的无价之宝。赫罗图中，相同质量的恒星（严格来说还需要相同的化学成分）具有相同的演化过程，在图中表现为"演化迹"。不同质量的恒星演化轨迹则是不同的。也就是说，天文学家可以仅凭恒星的颜色和亮度就可以分析出它们的质量和所处的演化状态。

颜色是真实的吗？

按照第一章所介绍的内容，颜色的概念是非常主观的，它既依赖于人眼所见，也依赖于人脑中形成图像的过程。本书中介绍的很多天体都非常暗弱，就算未来能乘坐先进的宇宙飞船去拜访它们，可能也很难看清楚。从地球上用肉眼看起来非常微弱的星云，就算凑近去看也是一样的昏暗，只不过看起来更大一些而已。所以色彩是非常难以辨识的，因为人眼中对颜色敏感的视椎细胞在弱光条件下很难正常发挥作用。

本书中大多数图像的另一个复杂之处在于，这些图像的光都来自于光谱中"不可见"的部分。对于在X射线、紫外线和红外线波段拍摄的影像，我们通常使用熟悉的红色来代表"最红"的波段，而用蓝色代表"最蓝"的波段。使用这种所谓的"代表色"，才能将不可见光的影像变成我们可以欣赏的形式。

除此之外，有些影像还是使用特殊的窄波段滤光片拍摄的，这些滤光片只允许某一特殊波长的辐射透过。这种手段的目的是追踪某些特别的原子或分子产生的物理过程，它们所呈现的面貌与我们对蓝、绿、红等较宽波段敏感的眼睛所看到的形象大不相同。这种所谓"增强色"的着色方式并不代表其实际的颜色，但是提供了大量的信息。于是现代天文学家能够使用艺术方式来呈现这些美丽的天体。

"可见的变成了不可见的，反而可以揭示宇宙更多的秘密。"

图片31：哈勃超深空星场

图片31：哈勃超深空星场

这张包含了大约1万个星系的照片是迄今为止所能拍摄到宇宙最深处的影像。这幅被称为"哈勃超深空星场"的影像中充满了密密麻麻的星系，其中不乏宇宙深处的星系样本，跨越尺度可达数十亿光年。这张快照包含了众多不同年龄、尺度、形状和颜色的星系。其中最小、最红（或红移最大）的星系位于最遥远的地方，在那里宇宙的年龄才仅仅8亿岁而已。最近的星系，也就是看起来较大、较亮，形状比较完整的旋涡星系或椭圆星系，则繁荣于10亿年前，而宇宙却已经超过130亿岁了。在这些图片中，蓝色和绿色对应于人眼所能看见的颜色，对应的天体包括炽热而年轻的蓝色恒星和星系盘中大量与太阳类似的恒星。红色则来自红外探测数据。这幅图像由800多幅单独曝光的影像综合而成，累积曝光时间长达11.3天。

可见和不可见的魔法互变

有一种特殊的情况可以使得宇宙中原来"不可见"的辐射变得对我们的眼睛可见，或是至少变得对可见光照相机可见。来自极遥远处天体的紫外线有时可以"红移"到可见光的范围。由于宇宙正在不断膨胀，因此天体距离我们越远，发出辐射的波长就会被"拉伸"得越长。

然而有得亦有失。红移同时也会把遥远星系可见光中较红波段的辐射移入"不可见"的红外波段，因此就我们可以看见光的总量而言，我们能看到的并不比之前更多。对于最为遥远的星系，也就是宇宙比现在年轻130亿岁的情况下，红移量非常巨大，甚至连最炽热恒星蓝光部分的辐射都会被红移到红外波段，以至于我们用可见光望远镜也看不见它了。正因如此，天文学家迫切需要类似斯皮策空间望远镜这样的红外灵敏探测器。未来，NASA/ESA/CSA联合组织的更大更灵敏的詹姆斯·韦伯望远镜，可以更好地用于追踪这些从可见光波段"逃"入红外波段的辐射，当我们越来越靠近宇宙大爆炸时，这一点将变得越来越重要。

使用一种特别的技术，也就是利用遥远天体的巨大红移，天文学家可以描绘出宇宙从极早期一直到今天的整个演化历史。当观测的目标天体越来越远时，它们的红移使得光线移过可见光区，到达120—130亿光年这么远的距离时，我们会发现天体突然消失不见了，首先是从较蓝波段的影像，然后是较红波段的影像，先后发现天体失踪了。寻找这些"缺失了的星系"是一种将真正遥远的天体，与本质暗弱但却距离较近的天体区分开来的理想办法。可见的变成了不可见的，反而可以揭示宇宙更多的秘密。

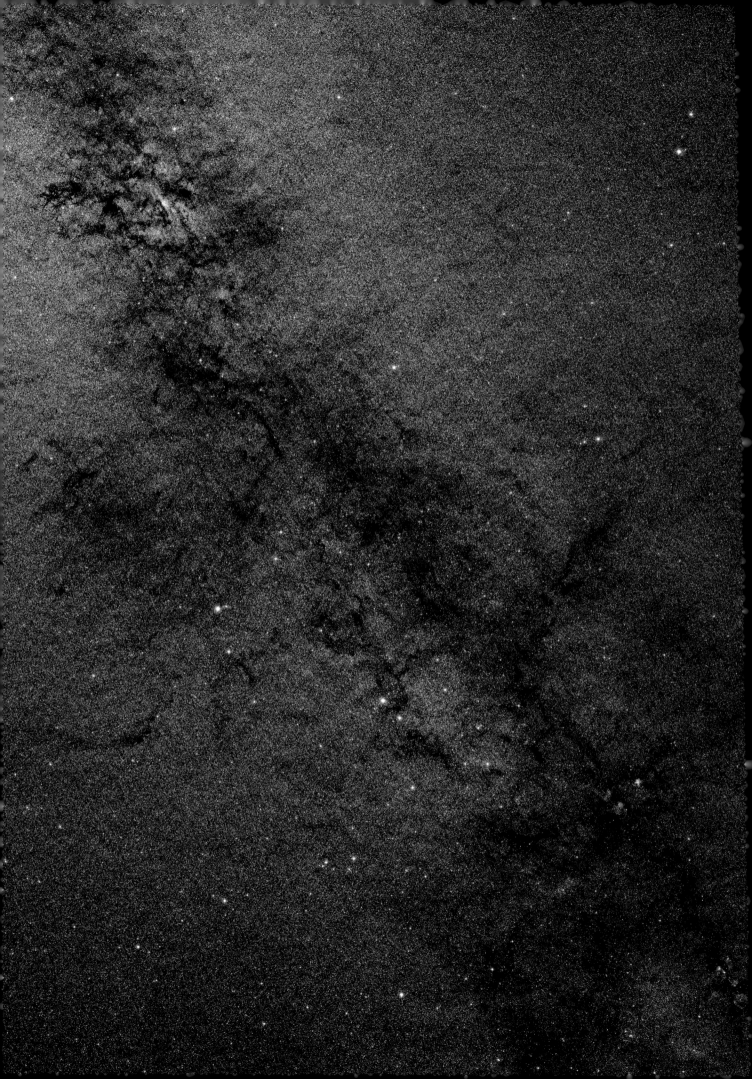

第五章 红外宇宙

图32: 银河系的中心

银河系的中心位于人马座。当我们用可见光来观察这个天区时，会发现大多数星星都被厚厚的尘埃云遮住了。这些挡光的尘埃在红外波段会变得透明起来。左图这幅"2微米巡天计划（2MASS）"拍摄的影像覆盖了大约 10 x 8 度的天区（相当于伸开一个手臂距离处看你的拳头所占据的空间范围），它向我们展现了大量以前隐身不见的恒星，甚至可以一直穿透到银河系的中心星团。影像的左上方是距离我们约2.5万光年的银河系核心，其中包含一个超大质量黑洞。这个区域以及沿着银面其他区域的恒星红化现象都是由于尘埃散射而引起的，其原理与落日呈现红色相同。在这幅近红外影像中，有许多特别厚的尘埃区域仍然不透明。

红外波段位于我们所能看到的最红波长的范围之外，这个电磁波段是研究寒冷而充满尘埃的宇宙的一个重要窗口。它使我们可以穿透遮挡光线的星际尘埃迷雾，深入那些隐藏在可见光波段之外的银河系奥秘。

在较长的红外波段，尘埃自己也开始变亮，这些漂浮于星际广袤区域中的众多微小尘埃颗粒向我们展示出另一种卷须状形态。就在这些尘埃云的包裹之下，众多年轻恒星形成于兹，与我们类似的行星也随之相伴而生。

"红外辐射揭开了寒冷而充满尘埃的隐秘世界。"

红外辐射揭开了寒冷而充满尘埃的隐秘世界。术语 "红外" 常常令人联想到 "热"，但在天文学中，它却更多地被应用于研究以地球标准而言比较寒冷的物体，它展现给天文学家的是一种与熟悉的可见光完全不同的宇宙形象。

红外光谱始于肉眼所能感知最红的光，一直延伸到比可见光的最长波长还要长100倍的波长区域。可见光波段局限于从380纳米到740纳米（也就是0.38到0.74微米）的狭窄区域内，红外光谱则从可见光的较长波长一端延伸到约400微米处。

红外波段的细分

红外光谱通常还可细分为近红外、中红外和远红外三个区域。这一划分主要依赖于观测特征，分界不是很明确，但对于实际引用却很有参考价值。

近红外: 0.8—5.0微米
近红外域开始于人眼所见最红的光波，向长波方向延伸约10倍的范围。近红外辐射的性质与可见光十分类似，因而可以使用与可见光同样的探测技术。地球大气在近红外波段大部分是透明的，但也存在少量由各种分子（主要是水分子）产生的吸收带。

中红外: 5.0—40微米
中红外域所跨的波长范围大约是可见光最长波段的10—100倍。接近于室温的物体，包括人体在内，在这个波段发出的热辐射最强，商业热成像相机通常工作在10微米波长处。地球大气在这个区域留有少数几个具有一定程度透明性的窗口，但在14微米以上就完全不透明了。

远红外: 40—400微米
远红外域的波长范围大约为可见光波长的100—1000倍。这一波段主要来自于仅比绝对零度高10度左右的低温物体的热辐射。地球大气对该波段完全不透明。远红外望远镜只能在太空，或是非常接近太空的地方才能工作，而且必须制冷到 −263 ℃才行。

红外天文学的历史

威廉·赫歇尔（William Herschel）爵士通常被认为是红外天文学之父。他于1787年发现天王星之后，又于1800年发现了红外辐射。

为了搞清太阳光谱中不同的颜色分别会产生多少热量，赫歇尔使阳光通过一个玻璃棱镜形成了太阳光谱，然后在光谱上摆置了一系列涂黑了的测温计。他注意到，越是靠近光谱的红端，温度越高。当他把测温计置于红光区域之外时，竟然测得了最高的温度。

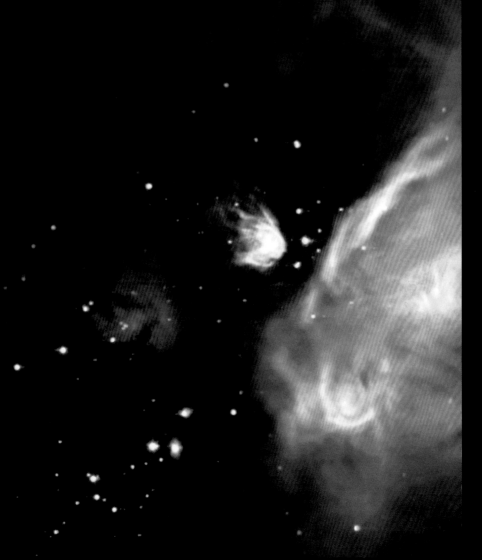

图33：蛇夫座 ρ 星云

令人印象深刻的蛇夫座 ρ 星云是研究年轻恒星的天文学家十分关注的热点之一。它位于天赤道附近的蛇夫座，距离约540光年。这是一个布满尘埃的区域，也是一百多颗新生恒星的"摇篮"。左图影像来自欧洲航天局（ESA）的空间红外天文台（ISO），其中蓝色部分来自7.7微米的红外观测，红色部分来自14.5微米的红外观测。

图 34：IRAS看到的红外天空

这幅影像是红外波段看到的整个天空，使用了红外天文卫星（IRAS）长达18个月的观测数据而形成。IRAS是一个历史性的太空计划，它使我们第一次得以了解红外的全天形象。图中水平方向的明亮条带就是银道面，图的中心就是银河系的中心。由于我们身在其中，所以银河系占据了整个天空视野。图中不同的颜色分别代表了不同的探测波段，其中蓝色为12微米，黄绿色是60微米，红色则为100微米。较热的物质呈现为蓝色或白色，较冷的物质则偏于红色。水平方向蓝色雾一般的S形特征是太阳系尘埃发出的红外光造成的，由于受到太阳的加热作用，太阳系的尘埃比一般的星际尘埃要温暖许多。图中黑色条纹是这次观测计划中没有被望远镜扫描到的区域。

赫歇尔随后的实验表明这些"发热的光线"与普通光具有相同的的光学性质，这一发现为红外望远镜技术奠定了基础。人们于19世纪中期就已开始对月球进行红外探测，20世纪早期又开始对木星和土星进行了红外探测。到20世纪60年代，来自地面、气球和火箭等各种方式的观测资料汇总起来形成了一份明亮红外发射源的星表，其中包括了许多恒星形成区和银河系中心区域。

1983年，红外天文卫星（IRAS）发射升空打开了红外天文学的新纪元。它的运行轨道位于阻碍红外光的地球大气之外，使我们第一次得以看到红外波段的全天形象。最惊人的发现是一种被

在地面上，目前为止最强大的红外巡天计划是"2微米巡天计划（2MASS）"，1997—2001年间的观测已经得到了近红外波段的数字全天图。

"粗看起来，很难发现可见光望远镜和红外望远镜之间有什么区别。"

红外探测技术

红外天文学使用的观测技术与可见光测量技术在很大程度上是相同的，粗看起来很难发现可见光望远镜和红外望远镜之间有什么区别。光线到达一个抛光了的镜片之后被反射到仪器室中，其中的探测器与普通数码相机中的数码阵列十分相同，然而其中的半导体技术却不尽相同，它更适应于红外波长的探测。

许多光学望远镜只要装配上合适的探测器就可以在近红外波段开展工作。虽然地球大气在很多红外区域都不透明，但还是在近红外和中红外区域留下了少量的可观测窗口。即便如此，将望远镜放置在太空之中还是具有极大的好处。在中红外和远红外波长区域，则需要更换探测器使用的材料，因为材料的光学性质（透明度、反射率等）都与波长有很大的关系。

低温制冷是红外望远镜中的关键部分。具有室温的物体都会产生相当大的红外辐射，会对真实的探测结果产生污染。这就好比我们试图对暗弱天体进行拍摄时，在可见光探测器的旁边打开手电筒一样。近红外探测器通常需要用液氮进行制冷，以达到 –195 ℃的低温，中红外和远红外望远镜同样需要用液氦制冷，需达到–267 ℃ 甚至更低的温度。

图36：火焰星云

NGC 2024，又名火焰星云，距离我们约1000光年，是猎户座分子云复合体（猎户B）的一部分。在左图这幅2MASS拍摄的近红外影像中，可见光影像中将两个星云割裂开来的暗黑尘埃带现在变得透明了，露出了一个密集的星团。这个星团的年龄据研究小于100万年。火焰星云的南侧是著名的马头星云，这个暗星云在可见光波段看起来像是明亮背景上一个形似马头的剪影。但在近红外影像中，那些发光的气体不见了，马头也就只能在右下方反射光的照射下隐约可见了。

图37：红外波段的昴星团

昴星团，又名七姐妹星团，在这幅红外影像中就像是漂浮在一床羽毛之上。尘埃云如一层薄纱包裹着群星。昴星团位于金牛座，距离我们超过400光年。这幅斯皮策拍摄的红外影像突出显示了昴星团所在尘埃云中密布的蛛网状纤维结构，在图中被着色为黄、绿和红色。其中黄色和红色区域是最密集的云区，绿色区域则较为弥散。图中还可见到许多发出蓝光的恒星。

红外辐射源

　　虽然红外波段的黑体辐射与可见光颇为相似,但这个波段所展现的宇宙却与天文学家以往所知很不相同。只有较热的恒星会在可见光谱区留下强黑体辐射,而更多较冷的恒星只在红外波段出现它们的辐射峰值。

　　结果,我们对可见光宇宙的观察就强烈地偏向于那些最热的恒星,它们看起来比那些较冷的同伴要明亮数千倍。这就使我们对总体恒星分布的认识产生了偏差,银河系中质量比太阳小的恒星数量比以往所知要多得多,但它们在可见光波段发出的辐射却与此不成比例。

黑体辐射(尘埃)

　　随着波长的增加,星光在红外波段的重要性逐渐下降,到了中红外和远红外波段,尘埃云成了主角。

　　漂浮于星际空间的尘埃物质十分寒冷,但是即使温度低至 –250℃(大约20K),也仍然会在远红外波段发出黑体辐射。被附近恒星加热到 –170℃(约100K)的尘埃将在中红外波段发出最强的辐射。尘埃物质虽然缺乏亮度,却能以巨大的表面积作为补偿。微小的粒子可以散布在很大的空间范围内,正如一支小小的粉笔如果碾碎了,就可以布满整块黑板。

图 39：红外和可见光波段的三叶星云

　　三叶星云是一个由气体和尘埃组成的巨大恒星形成区，位于人马座，距离地球 5400 光年。左边这幅斯皮策空间望远镜拍摄的影像揭示出这个星云的另一种面貌，与之对照的是右边这幅可见光波段的三叶星云，醒目的尘埃条带将星云分成了三块，而在斯皮策的影像中，它们反而发出明亮的辉光。斯皮策拍摄的影像中可以分辨出 30 个大质量的婴儿期恒星和 120 个较小一些的新生恒星。这些恒星在影像中表现为黄色或红色小点。影像中的红色来自较温暖的尘埃发出的热辐射，而绿色则是在邻近恒星的光照下，碳基尘埃发出的辉光。

"尘埃被星光加热的地方，比如正在诞生恒星的区域，会显得十分的明亮。"

使用中红外或远红外波段来观察天空，会发现这个宇宙充满了尘埃纤维和云团，而在近红外或可见光波段看来，它们则像一个个墨黑的补丁。尘埃被星光加热的地方，比如正在诞生恒星的区域，会显得十分的明亮。这个奇特的将尘埃变成亮云的现象告诉我们，在红外波段，"暗的也会变亮"。

这些影像中的红外恒星为什么看起来是蓝色的？

在可见光波段，恒星可表现为从红到白再到蓝的一系列颜色（见下图）。然而，在近红外和远红外区域，就像本书中许多斯皮策空间望远镜拍摄的实例一样，恒星都表现为同一种颜色——灰蓝色，这是在此类影像中常用的代表色。

在可见光波段，冷的恒星表现为红色，因为它的辐射在较低的能量，也就是光谱的红色一端较强，而当波长移向蓝端时，辐射强度很快下降。与之相反，一个非常热的恒星则在蓝色端甚至在紫外区域最为明亮，而在红端则较为暗弱。

在红外影像中（波长较短的高能波段辐射以蓝色表示，而波长较长的低能波段辐射则以红色表示），几乎所有的恒星都足够热，以致其辐射量可以在近红外或可见光波段达到峰值，因此在蓝色波段都表现为最亮。然而，对于几乎所有的恒星，无论是热星还是冷星，它们在中红外波段的辐射都是处于下降状态的，因此它们都具有同样的颜色！也就是说，它们都是黑体辐射的"瑞利－金斯"尾的部分（瑞利和金斯是两个著名的英国物理学家）。

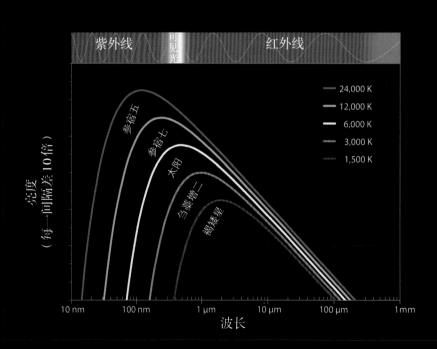

"在红外波段,暗的也会变亮。"

谱线

在可见光波段,星云通常会在某些元素的特征谱线处发出辉光。这些过程一致延续至红外波段。由于红外光的能量比可见光来得低,要激发红外谱线所需要的能量也较小,因此可以留下许多低温环境下元素和分子的印记,由于它们不够热,因而在可见光波段的辐射通常较弱。

红外波段有一个特别引起人们兴趣的发射带,就是来自有机分子的辐射。这些碳基化合物在邻近恒星的激发下会发出灿烂的辉光。

图 40:银河系的中心

这张来自斯皮策空间望远镜的精彩红外影像显示出拥挤于银心附近的数十万颗恒星。在可见光影像中,由于横跨在银心和我们之间的尘埃遮挡了我们的视线,这个区域是看不见的。

"红外观测为我们呈现了一个完全不同的景象，暗黑的补丁不见了，代之以一个清澈的银河系。"

红外的尘埃变透明

漆黑的晴夜里，我们可以看到一条光带从地平线的一边延伸到另一边。这就是众所周知的银河，也是我们能够观察自身所在的银河系的唯一途径。在这条光带中，我们可以看到许多暗黑的补丁，这是银河系中无处不在的尘埃遮蔽了后方星光而造成的现象。许多星光隐身在我们的目力之外，即便银河系的中心，在可见光波段也被严重遮挡而不可见了。

红外观测为我们呈现了一个完全不同的景象。暗黑的补丁不见了，代之以一个清澈的银河系。尽管在很长的时间里，银河系的中心位置一直是个谜，但在20世纪20年代，沙普利就已经用一种聪明的间接方式明确指出银河系的中心位于人马座方向。然而今天，一幅简单的红外天空图就可以毫无争议地确定银河系核球和中心星团的所在。在从近红外到中红外波段的影像中，只有少数一些特别密集、特别暗黑的尘埃云仍然不透明。（参见：尘埃在红外波段的透明性）

红外波段的透明性还使得天文学家可以目击恒星诞生的过程。恒星通常都是在引力坍缩中的尘埃云核心产生的。这些尘埃云像茧一样阻碍可见光外逸，但却可以被波长足够长的红外光所穿透。然而，一些纤维状的尘埃由于太厚而即使在红外波段也仍然不透明，看起来却像是为其中的恒星诞生做了广告。

尘埃在红外波段的透明性同样十分有利于对其他星系的研究。使用红外辐射来透视尘埃带，隐藏在它后面的众多恒星就变得可见了。诸如旋臂、核球、棒体等结构性的特征变得更容易辨识了。在更长的波段，尘埃自身也变得明亮起来，使我们容易获取这些新生恒星密集区域的完整图像。

图41：红外波段的猎户座

左图是使用IRAS卫星数据重建的冬夜星座——猎户座的代表色影像，它在红外波段完全变成了另一幅模样。这幅影像覆盖的天区为 24 x 30 度，差不多相当于伸出一个手臂举一本杂志所对应的天区范围。影像中最热的天体是那些在 12 微米波段辐射最强的恒星（蓝色）。星际尘埃较冷，因而在 60 微米（绿色）和 100 微米（红色）处的辐射较强。影像中明亮的特征是那些可见光波段也可见的星云，其中最亮的黄色区域是包含猎户座大星云（M42 和 M43，参见图 3）在内的猎户之剑。在它的上方左边是环绕猎户座ζ星（参宿一）的星云，其中包括了火焰星云（亮斑，参见图 36）和马头星云（此处不可见，参见图 56）。猎户座熟悉的亮星在红外影像中大多看不见了，只在中心上方可见以一个蓝白色光点形式出现的参宿四。参宿四右边的大环是一次超新星爆炸的遗迹，以猎户座ζ星（就在影像的正上边外面）为中心。

尘埃在红外波段的透明性

当你欣赏落日的时候，会注意到原来发出白光的太阳逐渐变黄、变红，这是因为阳光在此时要穿透更多的大气。诸如尘埃颗粒和气体分子这样极小的粒子，对蓝色光的散射比对红色光来得厉害，使得余下的光线偏红。当星光穿越星际尘埃的时候，也会发生类似的情况，并且随着波长的增加越发显著。

尘埃通常由碳或硅的化合物小颗粒组成。这些微观粒子可以散射或吸收光子。当尘埃的量足够多时，可以阻挡可见光的穿越。

然而，尘埃对光的遮挡是有所偏向的。波长最短的蓝色光与最红的光相比，受其遮挡更为严重。一般而言，当光波长超过尘埃粒子的大小时，粒子就不再挡光了。这一效应在红外波段尤为显著，因为波长增大了一个数量级以上，只有非常致密的尘埃云才能阻挡近红外和中红外光。因此，天文学家可以在波长较长的波段探测到可见光波段所看不见的区域。

图 42: 斯皮策观测的星系

　　上图是斯皮策空间望远镜"红外近邻星系巡测计划"（SINGS）拍摄的部分星系影像。SINGS影像均由4个不同波段的观测综合而成，其中蓝色是3.6微米的辐射，绿色是4.5微米的辐射，红色是5.8和8.0微米的辐射。为了增强尘埃细节，对5.8和8.0微米波段影像进行了减去3.6微米波段影像的操作。黯淡的蓝光来自成熟的恒星，而发亮的粉红色旋臂则是活跃的恒星形成过程和尘埃辐射造成的。图中星系从左上方开始分别为：NGC 7793, M66, M95, NGC2976, NGC1566和NGC4725。

图 43: 大麦哲伦星云的非传统形象

　　NASA的斯皮策空间望远镜给我们带来了关于大麦哲伦星云，这个银河系卫星星系的又一种精彩影像。这幅由超过30万张单幅照片组合而成的综合红外影像，为天文学家提供了一个研究单个星系中恒星和尘埃生死循环的理想机会。影像中的蓝色特别集中于中心棒状区域，是年老恒星发出的星光。棒状区域之外明亮而混乱的区域，充满了炽热的大质量恒星，它们都被包裹在厚厚的尘埃之中。这些明亮区域周围的红光来自被恒星加热后的尘埃物质。影像中到处可见的红点，要么是尘埃，要么是恒星，也可能是更遥远的星系。绿色的云则是较冷的星际气体和分子大小的尘埃颗粒，它们被周围的星光所照亮。

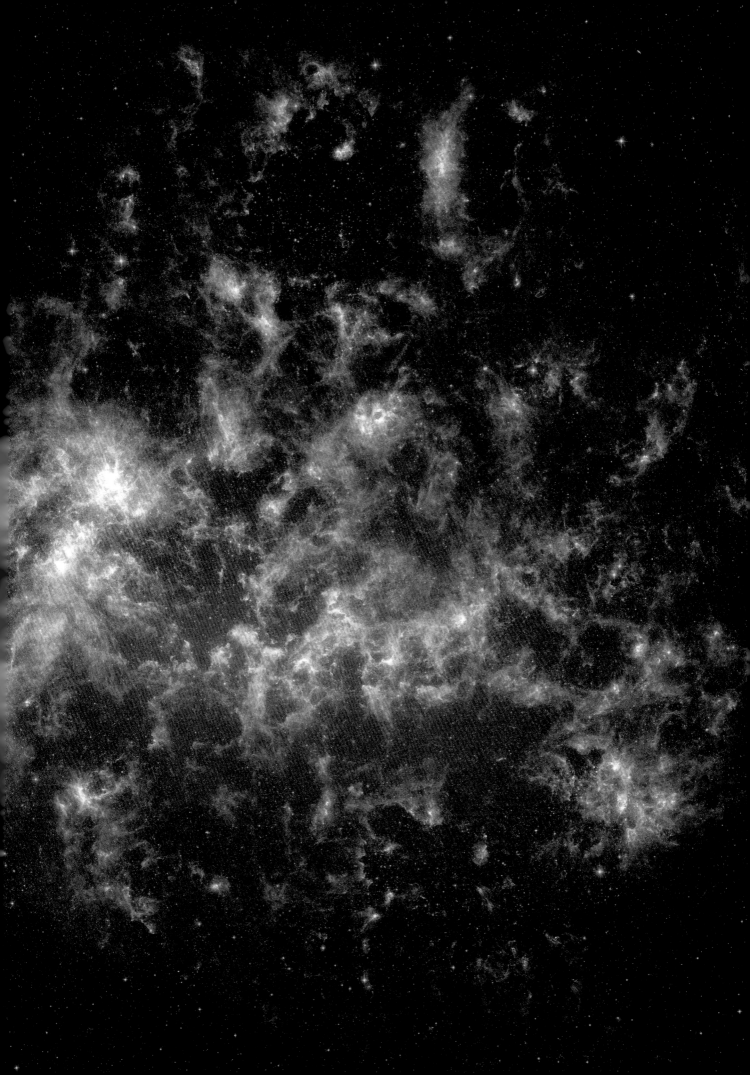

第六章　紫外宇宙

紫外光落在我们所能看到的最蓝端波长之外。在日常生活中，紫外常常令人想起强烈的阳光暴晒后疼痛的皮肤，其实就是被这种高能辐射灼伤而造成的。

宇宙中最热的恒星在紫外波段也是最亮的。孕育这些大质量明亮天体的尘埃云，随后就被它们发出的高能光子给"雕塑"成各种形状。紫外线将向我们透露充满了炽热的大质量新生恒星的恒星形成区里的秘密。

"有趣的是，大气层中阻挡紫外光到达地面的很多物理过程正是紫外光自己造成的。"

紫外光大部分产生于恒星。最热、最大质量的恒星在紫外波段显得最为明亮，但即使像太阳这种较冷的恒星，也仍然会在这个波段产生大量的辐射。紫外光谱开始于400纳米这个蓝紫色光所在的波长，向更短的波长方向延伸至10纳米左右。记住这个规则：波长越短，能量越高！随便一个紫外光子携带的能量都比50个红色光子携带的能量还多。

紫外波段的细分

伽马射线	X射线	紫外线	红外线	微波	无线电波（射电波）

0.1 pm　1 pm　10 pm　100 pm　1 nm　**10 nm　100 nm**　1 μm　10 μm　100 μm　1 mm　1 cm　10 cm　1 m

紫外波段还可以细分成4个不同的区域：

近紫外：400—300 纳米

这个波段正好位于肉眼视力之外，也就是晚会上经常用来照亮白纸、颜料、油墨，甚至牙齿和指甲等荧光物质的"黑光"。来自太阳的近紫外辐射可以直接到达地面，可以从地面上进行观测。

中紫外：300—200 纳米

虽然遭遇了大气臭氧层的遮挡，来自太阳的中紫外辐射仍然有足够多的剂量能够到达地面，并导致太阳晒伤，还可能导致皮肤癌等更多伤害。

远紫外：200—122 纳米

地球大气对远紫外光是完全不透明的，所以要进行这一波段的观测必须使用空间望远镜或高空火箭。这种光的破坏性很强，可以轻易杀死细菌，因此可以用来消毒。它对于一种认为生命可通过附着于陨石表面而在行星之间传播的所谓"有生源理论"也构成了极大的挑战。

极紫外：122—10 纳米

此处最高能的紫外线波段已经延伸到了X射线波段。极紫外辐射通常与宇宙中极热的恒星有关。

在地球上，由于上层大气中的臭氧有效地滤去了太阳光中波长较短的紫外线成分，使得我们免受紫外线的伤害。显著的吸收作用开始于300纳米左右，这就使得地基望远镜在除了近紫外区域之外的其他紫外波段都很难进行观测。这对天文学家来说颇为郁闷，但却使我们可以更为安全地晒太阳。紫外光子携带的能量比可见光光子高得多，很容易对我们的皮肤，甚至对细胞中的DNA造成严重的伤害。

有趣的是，大气层中阻挡紫外光到达地面的很多物理过程正是紫外光自己造成的。比如为阻挡伤害性紫外辐射起到主要作用的臭氧，其本身就是由于入射的紫外光子与氧分子发生相互作用的产物。

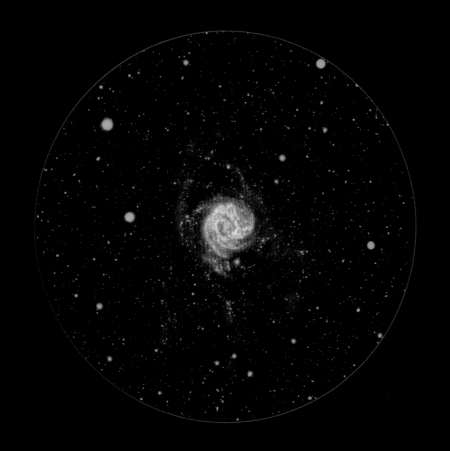

图45：星系的边缘之外是什么

这一幅南风车星系（M83）的深度紫外影像让我们极为惊讶。在这个经典旋涡星系的可见光星系盘之外，是暗弱然而清晰的紫外旋臂（图中表示为蓝色和绿色），其延伸范围远远超出了以往所见。这些由炽热的年轻恒星组成的旋臂在外围区域并不孤单。星系中氢气体产生的射电影像（显示为红色，参见第七章）显示出延展的气体旋臂与紫外旋臂完美地结合在一起，展现出一个完整的恒星形成过程，正在曾被认为是星系盘的区域之外的地方进行。

图46：令人惊讶的蒭蒿增二

蒭蒿增二是一颗已被研究了400年的著名变星，那么为何直到最近才发现它拥有一个像彗星一样的尾巴？原来这个尾巴只在紫外波段才可见其辉光（左），直到NASA的"星系演化探测器"出乎意外地捕捉到了这个发现之前，甚至没人想过去做这个实验！在可见光波段（右），这颗星十分明亮，但没有任何存在尾巴的迹象。这个尾巴是从蒭蒿增二向外喷射出的物质快速穿越星际空间时产生的现象。穿越过程产生的激波激发其中的分子氢发出了紫外辉光。

紫外天文学的历史

德国科学家乔安·里特（Johann Ritter）于1801年首次发现了紫外光，仅比赫歇尔发现红外光晚了一年。正是受到赫歇尔关于红区之外辐射性质研究的启发，里特也想了解在蓝色区域之外是否存在不可见的光。

里特使用的"探测器"是氯化银（常用于黑白照相纸中），暴露于光照之下时就会变黑。他让太阳光穿过一个玻璃棱镜，并沿着不同的颜色区域放置氯化银。结果表明红光波段几乎没有反应，而越往蓝色的方向显得越黑。最为惊人的是，最强的反应竟然出现在可见光的蓝紫色极限波段之外。很显然，这就是紫色之外的另一种光了。

里特将其发现称为"紫外射线"，它使我们意识到可见光其实只是更为宽广的光谱中的一部分，其他部分只是我们的眼睛无法感知而已。后来发现并非所有的生物都和人类一样对紫外光不敏感。有一些鸟类、蜂类和昆虫是能够看见紫外线的，这一本领也被一些花卉植物所利用，它们身上拥有一些我们看不见的紫外信号，可以诱导这些动物来为它们授粉。

紫外辐射源

黑体

在这个宇宙中,我们看到的大多数紫外光都来自较热的恒星。紫外辐射来自黑体热辐射的短波(或高能量)一侧,是高温物体产生的辐射。表面温度高于7 500℃的恒星一般都会在紫外波段显得十分明亮。大多数大质量恒星的表面温度超过40 000℃,因此它们的黑体辐射会在极紫外波长处出现峰值。宇宙早期的第一批恒星都是超大质量的,其温度通常超过100 000℃。而那些将外围气体吹走形成行星状星云后暴露出来的恒星核心,其温度甚至更高。然而,即便是太阳这种表面温度仅仅5 500℃的较冷恒星,也仍然会在紫外波段发出较多的辐射。

谱线

除了热黑体辐射之外,在紫外波段还可找到许多谱线辐射。包括宇宙中含量最丰富的氢和氦在内的许多元素,在这个波段都有重要的跃迁辐射,天文学家因此可对吸收或发射特征紫外辐射的气体进行研究。即使是宇宙中最常见的分子,也就是由两个氢原子彼此束缚而成的氢分子,在紫外波段也会产生重要的辐射线。

"虽然地面上也可以观测到近紫外光，但在中紫外波段之外，空间观测的好处越来越多。"

紫外望远镜

与红外望远镜一样，紫外望远镜也可以使用一些光学望远镜所用的技术，在近紫外波段尤其如此。紫外望远镜同样需要设计一个镜片来反射和聚焦紫外光，但因其波长更短，所以需要更高的磨制精度。零星的有机沉积物对紫外镜片的伤害特别厉害，因此整个仪器需要随时保持特别的清洁。

虽然地面上也可以观测到近紫外光，但在中紫外波段之外，空间观测的好处越来越多。哈勃空间望远镜虽然主要在可见光波段工作，但也拥有紫外探测仪器，包括照相机和光谱仪，它们对远紫外波段以下的辐射都很敏感。

为可见光波段设计的探测器在较短的紫外波段会大大损失效率，所以大多数紫外望远镜需要有专门为这个波段设计的探测技术。例如，"星系演化探测器"（GALEX）就使用了一种创新的探测器，可以将每一个紫外光子的位置和到达时间以表格形式记录下来，然后使用计算机将这些表格数据转换成影像，而不是像普通望远镜那样读取探测器阵列里的数据直接成像。

为了能探索宇宙深处遥远而暗弱的紫外辐射源，GALEX空间望远镜对仪器灵敏度进行了精心设计。然而诸如"太阳和太阳风层探测器"（SOHO）这样对太阳进行观测的望远镜，对灵敏度的要求就低多了，因为它的观测目标——太阳，是天空中一个足够强大的紫外辐射源。

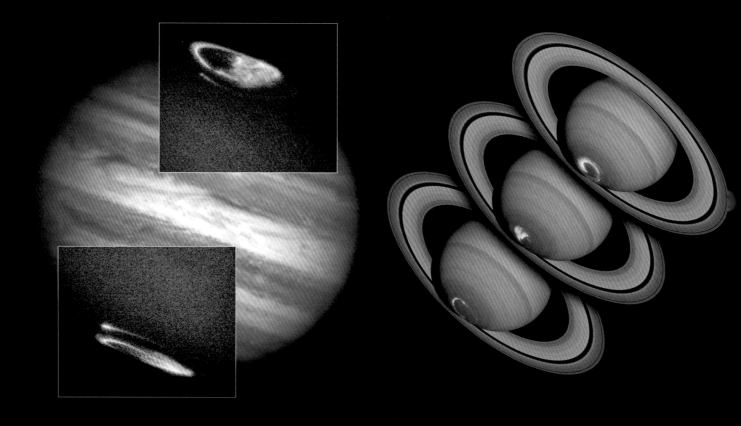

图48：木星和土星的极光

哈勃望远镜捕捉到了木星的北极光和南极光（上图左），也拍摄到了土星南极光的变化过程（上图右）。在用紫外波段拍摄的影像中，极光看起来就是飘浮在可见光照片之上一个明亮的椭圆。如果仅使用紫外波段进行观察，木星和土星都是一片黑暗，只在极光位置保留了一丝亮光。土星的影像是 2004 年 1 月 24 日起连续拍摄了 4 天的结果。

紫外科学

太阳和行星

太阳是进行紫外研究最理想的实验室，因为太阳色球层和日冕层里高温气体发出的辐射正好就在这个波段之中。从光球向外直到日冕，太阳的温度持续升高。炽热的带电气体紧紧附着在不可见的磁场上，反映出磁场的活动性。

通过观察太阳日冕层里铁的特征紫外谱线，可以了解太阳剧烈的磁场是怎样加热这一区域的。这里的温度可以从几万度到几百万度，远远超过太阳表面的 5 500℃。

"紫外辐射还可以用于研究太阳系中其他行星的磁场。"

紫外辐射还可以用于研究太阳系中其他行星的磁场。日冕发出的带电粒子会被这些磁场所捕获，旋转着飞向两极的过程中就会发出亮光，也就是极光。极光在紫外波段特别明亮，因而在木星和土星的上层大气中很容易就能看见，与之相反，直接反射出来的太阳紫外辐射则显得相当暗弱。

图 49：太阳活动周期

下图左是三个紫外波段观测综合得到的太阳影像，红色为 17 纳米，黄色为 19 纳米，蓝色为 28 纳米。下图右是经历了 11 年的观测分别拍摄的紫外太阳影像，太阳完成了一个完整的活动周期。增强了的耀斑和黑子在太阳活动极大期显得特别突出，同时清楚地勾画出太阳外层最热气体的结构。

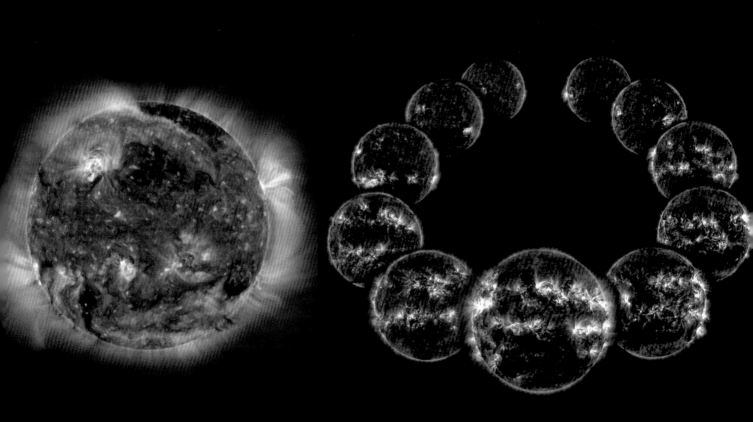

仔细观察鹿豹Z这个双星系统，天文学家惊讶地发现了一个壳状结构。这个结构是NASA的"星系演化探测器"发现的，仅在紫外波段可见。这个壳是数千年前一次新星爆发后向外膨胀留下的遗迹。这样一次爆炸一定已将那个环绕着伴星运动的白矮星的外壳完全剥离了出去。黄白色的痕迹已经是这一次早期爆炸留下的唯一证据了。

恒星的形成

在太阳系之外，显著的紫外辐射源主要都来自较热的恒星。与太阳类似的恒星主要在近紫外波段发出辐射，而在远紫外波段，则主要是大质量恒星的世界。

这些巨大的恒星相对来说数量较少，但是亮度上的优势却补偿了它们数量上的不足。一个20倍质量的恒星，其亮度可达太阳的2万倍，而且大多数辐射都落在极紫外波段。大质量的恒星通常都很短命，只能存活数百万年，相对于太阳这类恒星几十亿年的寿命而言真是一眨眼般的短暂。所以大质量恒星一般都不会远离其出生地，它们发出的紫外光也就指示了活跃的恒星形成区当前所在的位置。在一些星系中，这一特点就可以帮助我们在可见光波段的星系盘之外发现伸展至很远地方的旋臂结构（参见图45）。

雕刻宇宙之柱

大质量恒星对它们从中产生的恒星形成区有很大的影响。一旦大质量恒星点燃了中心的核聚变反应，极高温就会激发出源源不断的紫外辐射。远紫外及极紫外光子的能量如此之高以致它们可以击碎周围尘埃云中的分子结构，并造成这些区域中的气体蒸发。

这些年轻而灿烂的恒星被发现的地方，通常都是正处于遭受婴儿期恒星强光破坏之中的大质量尘埃云。越是密集的区域，星光对其破坏的作用就越是缓慢，慢慢就形成了一些令人印象深刻的尘埃柱或气体柱。由于这些区域是密度最高的云区，因而通常也就拥有更多正在形成中的婴儿期恒星。

一旦我们在可见光或红外波段看到大质量的尘埃柱，我们就知道在其附近一定存在新一代的新生恒星。

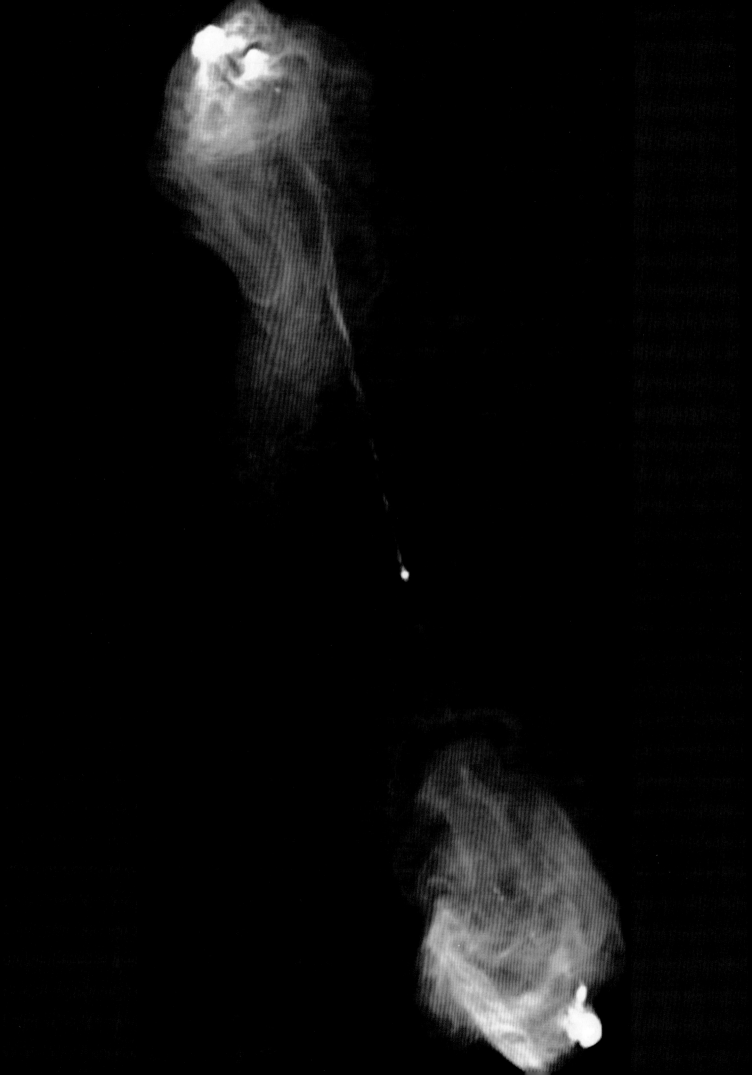

第七章 射电及微波宇宙

图51：天鹅A的射电影像

天鹅A是第一个被证认出可见天体的宇宙射电辐射源。在可见光波段，它只是一个无明显特征的椭圆星系，和许多同类一样只是一个暗弱的斑块，没有任何线索表明它竟然是我们的本地（如果你同意把8亿光年作为"本地"的区域范围）邻居中最强大的一个射电源。这个射电影像是使用位于新墨西哥州的甚大射电望远镜阵列（VLA，参见第二章）资料制作的，图像显示出一个双瓣结构，这是与一些星系和类星体相关联的强射电源的特征。产生这一辐射的能源来自中心那个星系，通过一个图中可见的狭窄喷流传递到两个瓣中去的。这种能量来源于星系物质被吸入核心高速旋转的大质量黑洞的过程。这个活动星系核的质量相当于太阳的10亿倍（或相当于银河系中心黑洞的300倍），如果我们从其他方向来观察，它就可能表现为一个类星体。

　　射电望远镜展现的天空，对习惯了可见光的天文学家来说几乎完全不认识了。天空中不再是银河系的群星，而是洒落在宇宙各处的射电源。射电源比较稀少，但通常都是本质上十分强大的天体，因而在很远距离处仍然可以被探测到。射电星系、类星体，以及剧烈的恒星爆炸产生的射电辐射都是高能的亚原子粒子在扭曲的磁场中高速穿行时发出来的。这一过程与恒星表面产生热辐射的过程完全不同，为我们研究宇宙中最剧烈的活动区提供了理想的工具。

"第一次射电观测就使我们产生了新的认识：使用不同的辐射波段去看这个宇宙时，其面貌可能很不一样。"

在红外光的长波极限之外，我们将遇到射电波段。根据无线电通信的习惯，最短的射电波长（1毫米左右）又有一个别名叫"微波"。在较长的波长处，射电区域跨越了厘米、米及更长的波段。射电波段在长波段一侧是无限开放的，因而不存在"最长"的射电波长。然而在实际上，比1千米更长的波长在技术上已经是非常难以探测了。

起初，天文学家甚至对能否在射电波段看到已知的天体都感到极不乐观，因为他们计算出恒星可能发出的射电辐射总量微乎其微。即使这样，从1932年开始，随后又受到第二次世界大战中军事雷达发展的刺激，射电天文学成就了人类面向隐身宇宙的第一次进军。第一次射电观测就使我们产生了新的认识：使用不同的辐射波段去看这个宇宙时，其面貌可能很不一样。

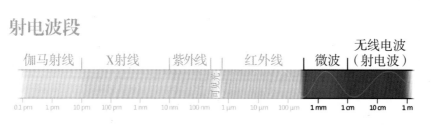

射电波段

伽马射线　X射线　紫外线　红外线　微波　无线电波（射电波）

可见光

0.1 pm　1 pm　10 pm　100 pm　1 nm　10 nm　100 nm　1 μm　10 μm　100 μm　1 mm　1 cm　10 cm　1 m

波长数万千米的极低频射电波（ELF）对地面天文学家来说已没有多大意义，因为它们已完全被大气中的电离层所吸收，然而潜水艇却要靠它来与基地进行通信联系。当波长下降至几十米的波段（HF，高频），整个天空都变得十分干净，这种状态一直保持到波长下降到厘米量级（SHF，超高频或微波）。毫米波或亚毫米波区域则开始出现一些水的吸收线，更加吸引天文学家的是他们可以据此探测宇宙中大量存在的星际冷物质。

"第一台射电干涉仪为人们证认出许多对可见光望远镜来说十分暗弱又颇为怪异的天体……"

由于太阳距离我们很近，它发出的射电辐射很快就被证认出来，但是天空中其他的射电源却没有几个能够找到明亮的恒星对应体。

为将射电源与天文学家在可见光波段已经熟悉的天体联系起来，科学家们付出了很大的努力。主要问题在于早期的许多射电望远镜，其分辨率较低，无法对探测到的射电源进行精确的定位。

因为我们难以建造一个大到足够满足分辨率要求的单天线射电望远镜，所以必须设计一种办法能够使距离遥远的两个射电天线协同工作，从而使其在分辨率的指标上相当于一个巨大的单天线射电望远镜。其结果就是现已广泛使用的干涉测量技术，特别是在射电波段，可以使用多台望远镜组成一个阵列，以达到相当高的空间分辨率。通过在卫星上架设望远镜，并与地面望远镜组成干涉阵列，其间隔距离甚至可以超过地球的直径。

第一台射电干涉仪为人们证认出许多对可见光望远镜来说十分暗弱又颇为怪异的天体，包括一些奇异形状的星系和超新星爆炸的遗迹。它们为什么会发射出如此巨大的射电辐射，而在可见光波段却十分暗弱呢？

望远镜的分辨率

一个望远镜能够分辨精细细节的能力称为空间分辨率，取决于望远镜的大小和观测所用的波长。一个望远镜镜面接受某一波长的光时，等效的波长数量越多，分辨率就越高。由于典型的射电波长比可见光波长要大10万倍，因此要达到与直径2.4米的哈勃空间望远镜相当的分辨率，其直径就需要240千米。

干涉测量

　　上图中的单天线射电望远镜位于波多黎各的阿雷西博,拥有305米的直径,其分辨率却仍然比小型可见光望远镜都不如。而且,这个天线还无法转动,因而只能观测天空中一个狭窄的区域。然而,在1946年于澳大利亚首次试验成功后,天文学家开始使用干涉技术,建立天线阵列,将多个单天线组合在一起,其分辨率相当于一个直径与这个天线阵最大距离相等的射电天线所能达到的分辨率。使用干涉技术,天文学家可以通过精确比较两个望远镜接收无线电波的波峰和波谷,而将两个望远镜接收的无线电波关联起来。目前最大的干涉测量阵列可以将来自全球分布的射电望远镜接收到的无线电波关联起来,其分辨率相当于建造了一个直径与地球相当的巨型射电望远镜,从而可以比最大的光学望远镜还要高得多的精度来确定射电源的位置。这项技术最早和最重要的发展都发生在英国剑桥,马丁·赖尔(Martin Ryle)和安东尼·赫维西(Antony Hewish)因此获得了1974年的诺贝尔物理学奖,这也是诺贝尔奖第一次颁发给天文学家。

同步加速辐射

　　射电天空的辐射有很多是来自与可见光、红外光和紫外光都完全不同的物理过程。黑体热辐射在这个波段十分微弱，大部分明亮的射电源都源于极剧烈的高能事件，例如黑洞。带电的亚原子粒子在这些场合可以被加速到接近光速，正是这些高速带电粒子的运动产生了射电辐射。

图 52：THINGS 拍摄 IC 2574 和 M 74 的影像

　　左图影像中，左边是矮椭圆星系IC 2574，右边是旋涡星系M74。这一影像是THINGS巡天计划的成果之一，使用了甚大射电望远镜阵列（VLA，蓝色）、斯皮策（红色）和GALEX与斯皮策之组合（紫色）的数据综合构建出来的。VLA的射电辐射来自氢原子为主的气体。由于氢原子会在一个特定的频率处发出辐射，天文学家可以利用"多普勒频移"来测定其所在气体的运动。

　　正如"电磁辐射"这个名词所暗示的那样，电场和磁场是密切关联的。当一个带电粒子，例如电子或质子，在磁场中运动时，会在电磁力的作用力下发生偏转，并沿着一条环绕磁力线的螺旋轨道运行。处于振荡运动状态的电子会丢失部分能量并转化成电磁辐射，在射电波段尤为显著。

　　物理学家最早建造的粒子加速器被称为"同步加速器"。当粒子旋转着穿越其中的磁场，加速过程中损失能量，同时发出射电辐射，这种辐射因此而被命名为"同步加速辐射"。令人称奇的是，宇宙在各个尺度上都充满了同步加速器，因此我们在地球上的研究成果有助于我们理解宇宙中类似的物理过程。

图53: 射电波段的蟹状星云

　　著名的蟹状星云M1（梅西耶星团星云表的第一号）是一个1054年被中国天文观测者记录下来的超新星爆炸事件的遗迹。我们现在看到的是它经过了近一千年以后的延展型结构。令人吃惊的是，无论是射电波段、红外波段、紫外波段，还是X射线波段，得到的影像都十分类似。这是因为我们在这些波段看到的辐射都来源于同一种物理机制，即高速运动的电子（也可能是作为反物质代表的正电子）围绕着纠结的磁场而旋转，这一过程中发出的辐射称为"同步加速辐射"。极高能量的电子或正电子发出X射线辐射，而较低能量的电子或正电子则发出射电辐射，介于其中的能量范围则发出可见光和红外辐射。这些高能粒子都是爆炸后留下的中子星（或称脉冲星）产生的。

在宇宙中活动最剧烈的地方，同步加速辐射通常在整个电磁波段，包括红外、可见光、紫外和X射线波段，都可以发出辐射。黑洞附近发生的同步加速辐射可以较好地解释天空中最强的射电源，例如天鹅座A（参见图51）。然而，这却并非射电望远镜的唯一观测目标。

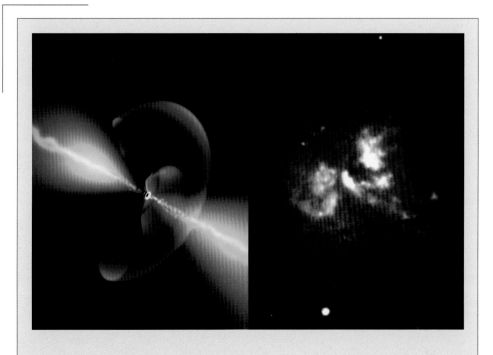

黑洞、类星体和活动星系核

活动星系核，或称AGN，通常包含星系核心一个旋转着的大质量黑洞，不断有气体或从附近经过的恒星被吸入其中。当这些物质掉入黑洞时，会在黑洞周围形成一个旋转的吸积盘。吸入物质中的一部分可能永远也到不了黑洞，它们沿着周围的磁场而旋转，并以接近于光速的速度向着垂直于吸积盘的两个相反方向中的任意一个喷射出去，同时发射出大量的射电辐射。如果其中一个喷射方向正好对着我们，我们就能清楚地看到这个非常接近于黑洞的区域，大量的光从那里发射出来，我们看到的就是所谓的类星体。相反，如果我们是从侧面观察，这个AGN就可能被盘上的物质所遮蔽。直到最近二十年，天文学家才开始了解各种各样的AGN，意识到是因其盘面与我们视线方向的不同而造成了不同的形态特征。

韧致辐射

另一种射电辐射产生于快速运动的带电粒子之间直接的相互作用。被炽热恒星、恒星形成区和行星状星云所激发的发光气体区域中充满了以极高速度飞行的高能电子和质子。它们有时会彼此靠得很近，电磁作用力迫使其运动方向发生偏折。这一偏折就会产生辐射，通常在射电波段或X射线波段可见到这一种辐射（尽管其他波段也能见到）。对恒星形成区中此类辐射的观测使天文学家们对包括温度在内的气体性质有了更多的了解。这一来自粒子相互作用的辐射被称为"韧致辐射"或"刹车辐射"。它与医疗检测中制造X射线的过程十分类似，在那里，高速粒子被一个金属靶所阻挡，突然的减速（刹车）就产生了X射线。

射电气体

射电天文学最重要的一个发现是认识到宇宙中最丰富的氢气可以在21厘米波长处发出特征辐射。使用射电望远镜对这种辐射进行多普勒频移的测量可以有效地研究银河系内外气体的运动。天文"速度照相机"甚至可以测量可见光波段被完全遮蔽区域的气体运动。这一原理可以应用于旋涡星系质量的确定，利用星系在不同半径处气体旋转速度的测量就可以推导出星系的质量。

21厘米中性氢辐射

氢是所有原子中最简单的一种，同时也是宇宙中含量最多的元素。氢原子仅仅包含一个质子和一个电子，它们都带有物理学家所称的自旋特性。当原子孤立存在并且不受干扰时，它就是由一个质子和一个电子组成，二者自旋方向相反（或称"反平行"），星际空间的通常状态正是如此。即使有一点小扰动使得电子的自旋倒转过来而变成"平行"状态，能量的改变也是很小的。对于一个独立的原子而言，大约经历千万年的时间可能会使整个状态又回到原始状态，这个转变过程就会发出一个波长为21厘米的光子，正好属于射电波段。如果期间发生与其他粒子的相互作用，就可能缩短这个等待的时间。另一方面，宇宙中氢原子的数量也足够丰富，因而我们使用射电望远镜很容易就可以看到这种特征辐射。早在1944年，荷兰的简·奥尔特（Jan Oort）和亨德里克·范德胡斯特（Hendrik van de Hulst）就已预言氢气可能发出这种辐射；1951年，美国哈佛大学的埃文（Ewen）和珀塞尔（Purcell）第一次在天空中观测到了21厘米谱线。从此以后，这个谱线成了射电天文学一个十分基本的探测工具。

图 54：射电波段的风车星系

　　这张关于风车星系M51及其伴侣NGC5195（上方）的影像综合了甚大天线阵（VLA）得到的中性氢发射线观测数据（蓝色）和"数字巡天计划"（DSS）的可见光影像。可见光影像中可见恒星和尘埃，后者表现为M51旋臂中的尘埃带和伴星系东边（左）被遮蔽的部分。影像中还可见许多银河系中的前景星和一些背景星系。长长的中性氢潮汐尾由于两个星系的相互作用而变得松散开来。

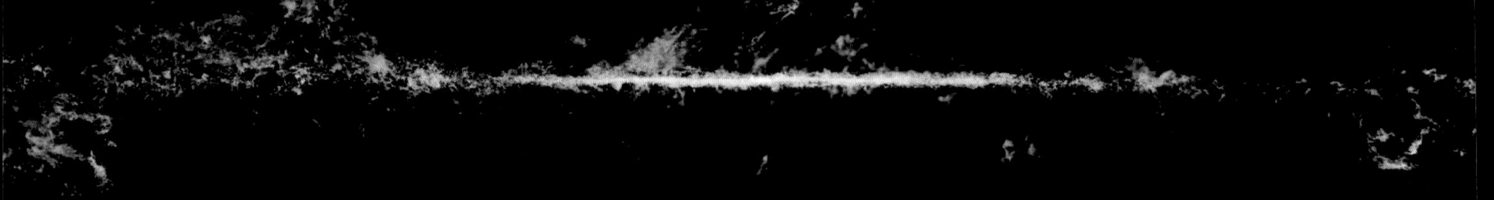

图55：利用一氧化碳辐射获得的银河系形象

这幅全景影像展示的是银河系一氧化碳分子的分布情况。中间的亮条就是以分子的眼光所见的银河系盘面，有点像一个宽而扁的薄煎饼。图的中心就是银心，边缘被卷曲起来以显示出360°的全景。中心银盘上方和下方都可见的绒毛状物是非常靠近我们所在旋臂的分子云。一氧化碳仅是银河系分子中的一小部分，银河系的分子大多数以氢分子的形式存在。然而，氢分子很难探测，因为它们只有被加热到较高温度时才会发光。而一氧化碳则容易被激发出微波辐射，即使在较冷的云中也可被观测到。因为只要有氢分子的地方，就会有一氧化碳，所以一氧化碳就成为一个了解氢分子分布的有效手段，可以描绘出正在形成恒星的区域地图。

"这些团块状的分子气体非常寒冷，其中包含的各种尘埃和分子会在许多特别的射电波段留下辐射痕迹。"

寒冷的物质

虽然射电天文学主要是基于对高能粒子同步加速辐射的研究，但人们对来自宇宙中广大寒冷地区的射电辐射也越来越感兴趣。这些团块状的气体常常被称为"分子云"，它们非常冷，而且其中包含很多尘埃和分子，会在许多特别的射电波段留下辐射痕迹，而它们自己则正在准备转化成下一代的恒星。

这些寒冷区域的热辐射大多落在射电波段，波长大约为毫米的十分之几，由于地球大气的吸收，它们从地面上很难被观测到。欧洲航天局的赫歇尔望远镜于2009年升空，可对这些波长进行观测。

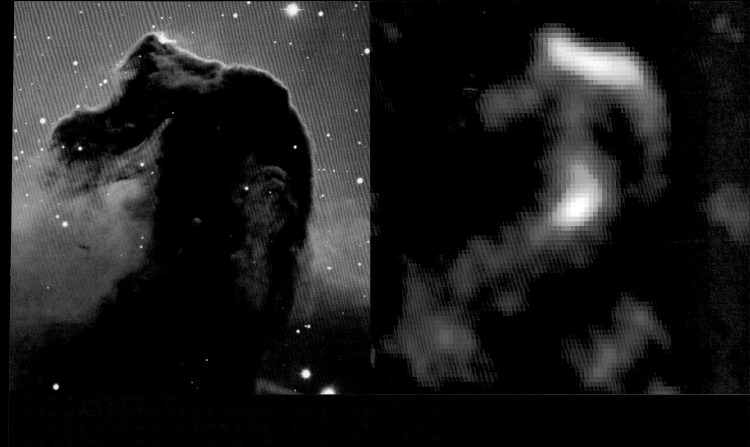

来自寒冷物体的热辐射

研究来自寒冷物体的热辐射,听起来有点奇怪,但对于天文学家来说却是合情合理的。黑体发出的辐射强度只与温度和发出辐射的表面积有关。一团气体云即使很冷,比如 −240℃,也仍然会发出黑体辐射谱,其辐射强度的峰值出现在波长0.1毫米的地方。气体云周围的空间甚至比这还要寒冷,因此使用远红外望远镜就会在较暗的背景上看到许多亮斑。在遥远的宇宙深处,比如红移大于3的地方,寒冷物体发出的辐射也会进入类似"阿卡塔玛巨型毫米波/亚毫米波阵列"(ALMA)这种亚毫米波望远镜的观测范围。

图56: 亚毫米波段(左)和可见光波段(右)的马头星云

上图这幅著名的猎户座马头星云是由单天线亚毫米波段望远镜APEX在接近于1毫米(即870微米)波长处获得的。在这个波长处,寒冷的尘埃是在发光而不是吸收。新的更大的 ALMA 望远镜将可以看到更多此类天体的细节,达到我们在可见光波段获得图像那样的分辨率。

在天文学中,对邻近天体的探测和研究比较容易,而对宇宙深处的暗弱天体进行研究就相当困难。当我们希望在地面上从事这一探索时,遥远天体的红移将带来很大的帮助,因为它可以将较冷的热辐射转移到射电波段,至少在一些十分干燥的天文台站,大气对它们还是透明的。这一效应使我们可以使用比空间探测器大得多的微波望远镜来进行更细致的观测研究。这也正是我们建造阿卡塔玛大型毫米波/亚毫米波阵列(ALMA)的主要原因。

"最大的天体就是宇宙本身，因此我们才可能看到大爆炸的原始火球遗留下来十分暗弱的遗迹……"

宇宙微波背景

仅仅以黑体形式发出辐射的天体，例如恒星，一般很难成为射电望远镜的目标，因为它们发出的辐射在从红外到微波到更长的射电波段过渡时，强度会迅速下降。但是当天体的表面积巨大时，累积起来的射电辐射也会十分巨大。最大的天体就是宇宙本身，因此我们才可能看到大爆炸的原始火球遗留下来十分暗弱的遗迹，也就是1965年才被发现的宇宙微波背景辐射。

宇宙大爆炸之后37.5万年，原始火球开始变得透明的时候，大约3000℃的"火球表面"开始发出这种辐射，从这个时候开始的辐射充斥了现在看到的整个空间，由于宇宙经历此后137亿年的膨胀，至今已经冷却到−270℃（2.7K）的极低温度。这个温度的辐射峰值出现在射电区域中2毫米波长处的微波波段。

我们现在怎样才能看到这个辐射，它又能给我们提供什么有关宇宙的秘密呢？这个波段的观测在地面上是非常困难的，但是在高空气球上则是可行的，飞船当然是更好的观测平台。事实上，科学家们已经使用这种办法得到了许多全面的精细测量。

当这个来自远古时代的信号被阿诺·彭齐亚斯（Arno Penzias）和罗伯特·威尔逊(Robert Wilson)捕捉到时，他们设法排除了各种可能的辐射源，甚至连鸽子掉落在接收器上的排泄物也不放过。他们最终意识到这个望远镜始终都能看见的额外微波信号来自大爆炸时代：宇宙微波背景。他们因此而获得了1978年的诺贝尔物理学奖。

图57：宇宙微波背景

　　我们将望远镜指向天空时所能看到的最远"物体"就是源自大爆炸的"火球"，正是这个事件导致了我们这个宇宙的诞生。大爆炸之后大约37.5万年，火球从一个无法想象的极高温状态冷却到大约3 000℃（大约相当于太阳表面温度的一半），火球在连续膨胀中逐渐变得透明，其表面从此时开始发出黑体辐射。这个无处不在的辐射随着宇宙膨胀而一直留存至今，距离大爆炸已经过去了137亿年。那么这个火球现在是什么样子呢？由于宇宙膨胀，辐射从开始时的3 000K冷却了超过一千倍，目前的温度仅为 2.7 K（即−270℃）。这就表现为整个天空中均匀可见的微波背景辐射。上图这幅来自NASA"威尔金森微波各向异性探测器"的图像给出了5年精细测量工作得到的微波背景全天温度分布。其中的颜色代码描绘了极其精细（大约10万分之一）的温度变化，从而给出了关于宇宙结构、年龄和内含物质分布的惊人图像。NASA早些时候发射的COBE卫星，因为对宇宙微波背景的出色测量工作而使得约翰·马瑟(John Mather)和乔治·斯穆特(George Smoot)共同获得了2007年诺贝尔物理学奖。

　　微波探测器看到的这个辐射是覆盖了整个天空而且极其均匀的"表面"。各处辐射温度与平均值的偏差少于10万分之一，然而如此微小的温度起伏却成了现代宇宙学的"王冠"，因为就是这微小的起伏之间，包含了关于宇宙的大小、年龄、成分，以及最终命运的大量信息。

第八章　X射线和高能宇宙

图 58：X射线波段的超新星遗迹 G292.0+1.8

这幅钱德拉X射线空间望远镜拍摄的漂亮影像，显示的是一个名为 G292.0+1.8 的超新星遗迹。这是一个大质量恒星死亡后的景象。超新星喷射出的物质向外运动，挤压周围的气体，产生的强烈激波加热了周围物质，从而发射出X射线。通过将不同波段的X射线分布图叠加在一起，钱德拉影像可以追索出超新星喷射物的状态。结果表明这个爆炸是不对称的。例如，右上方可以看见醒目的蓝色（来自硅和硫元素）和绿色（来自镁元素），而左下方则以黄色和橙色（来自氧元素）为主。点亮这些元素的温度各不相同，据此可以推断G292.0+1.8的右上部分温度较高。

紫外波段之外，我们将遭遇最高能量的电磁波段。从X射线到更高能量的伽马射线，粒子数量越来越少，以致我们不得一个一个地进行计数。只有最剧烈的现象才会在这个波段的高频端产生辐射。这就意味着X射线和伽马射线为我们开启了一个研究宇宙灾难性过程的窗口，例如大质量恒星的爆炸，以及因此而遗留下来的中子星或黑洞，同时还可以用于研究星系团或邻近恒星的炽热等离子体现象。

X射线和伽马射线光子的波长都已小到要使用十亿分之一米（纳米）或万亿分之一米（皮米）的测量单位了。伽马射线波段不存在"最小"的波长极限，因为在实用的极限之外，很难想象还有什么物理过程可以把更高的能量填入这样的一个光子之中。天文学家只能用一个一个计数的方式来探测这些光子，因此要建立X射线波段的图像已经十分具有挑战性，在伽马射线波段就几乎不可能了。事实上，目前为止生成的伽马射线"图像"还极其稀少，所以本章的重点还是基于X射线的观测。

X射线波段的细分

伽马射线	X射线	紫外线	红外线	微波	无线电波（射电波）

0.1 pm　1 pm　10 pm　100 pm　1 nm　10 nm　100 nm　1 μm　10 μm　100 μm　1 mm　1 cm　10 cm　1 m

较低能量的X射线从8纳米到0.2纳米，又称为"软X射线"，与极紫外波段有些重叠。它们易受原子吸收的影响，而且与可见光和紫外光一样，很容易被尘埃或气体云团所遮挡。

"硬X射线"是最高能量的X射线，它与较低能量的伽马射线交界，它的波长区域为0.2纳米 — 10皮米。它们不太容易被吸收，因此可以穿透尘埃云层。

伽马射线包括了比10皮米更短的波长范围，是电磁波谱的最高能端。

X射线辐射源

热X射线

X射线光子携带的能量是我们肉眼所能检测到的可见光光子携带能量的数千倍。这些光子完全是热辐射（或黑体辐射）的结果。观测发现存在许多温度介于一百万度到几亿度之间的辐射源（图59）。这样一些超高温辐射源的发现令人惊讶，因为即使最大质量的恒星也难以达到这么高的温度。

然而，虽然恒星自身不能达到数百万度以上的高温，但是大质量恒星的爆炸过程却能做到。爆炸产生的热物质冲进周围的星际介质，产生的激波可以导致极高的温度。这是一种宇宙级的音爆，但是我们不是听到隆隆声，而是可以看到激波产生的光子。这些超新星遗迹已成为X射线望远镜的重要目标。

但是，超新星并不能解释恒星外层大气的高温。就连我们的太阳，也拥有一个温度高达数百万度的外层"大气"——日冕。它位于太阳可见表层的外面，这层稀薄而高温大气的加热过程至今仍困扰着天文学家。太阳表面的紫外现象——通常发生于较暗、较冷的黑子附近——会产生声波和磁力波，它们向上传递到越来越稀薄的外层大气，即色球层和日冕。随着密度越来越低，这些波的作用越来越强，就像是水波撞上了防护堤，最终产生的激波可以将气体加热到很高的温度。

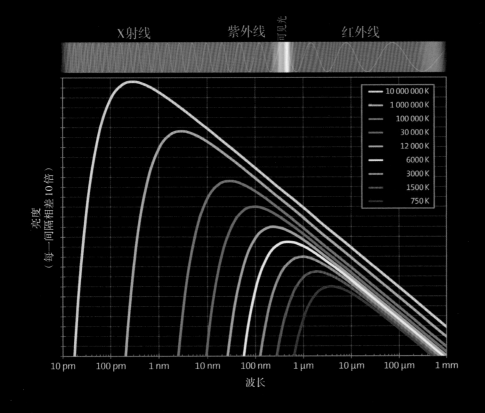

图 59：黑体热辐射

左图显示的是摄氏百万度的黑体的热辐射谱，可与各种恒星发出的辐射谱做比较。

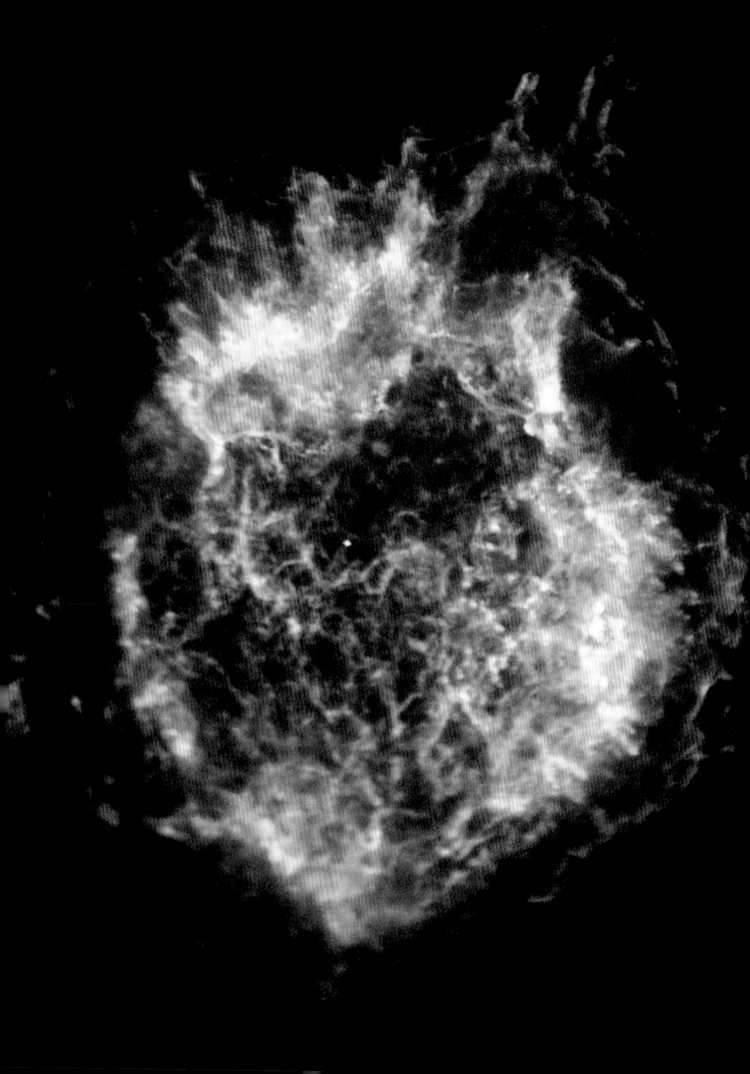

"尽管在其发展早期使用高空气球进行了少量的实验，但是X射线天文观测实际上是必须在地球外空间进行的。"

X射线谱线

我们在其他波段已经看到，原子中电子能量状态的改变会在某些特定波长处产生谱线辐射。对诸如氢、氦这种轻元素而言，谱线一般出现在紫外、可见光和红外波段。而对于较重的元素而言，它们的电子云较大，会产生所谓的"内层电子跃迁"，释放的高能量就会产生X射线谱线。

产生X射线谱线所需要的温度非常高，然而超新星爆炸抛出的物质却可以轻易产生这些谱线。天文学家可以利用这些谱线来研究剧烈爆炸所抛出的物质成分。

非热过程

然而，X射线也可以产生于一些并没有热到可以产生这个波段黑体热辐射的天体。这类辐射过程又被称为"非热辐射"。例如，在某些区域，电子和质子等带电粒子会被加速到接近光速的程度，当它们穿越某些磁场被迫改变运动方向时，就会发出"同步加速辐射"，辐射范围包括了X射线在内很宽的电磁波谱，从而被我们所探测到。

观测X射线

尽管在其发展早期使用高空气球进行了少量的实验，但是X射线天文观测实际上是必须在地球外空间进行的。X射线是一种医院中用于透视人的身体，以及机场安检处用于透视手提行李的射线，但是它们会在穿越地球大气时被完全吸收。所以，X射线天文学是随着空间天文学的诞生而诞生的。里卡尔多·贾科尼（Riccardo Giacconi）和他的同事们利用火箭进行的飞行实验首次探测到了非地球起源的X射线。建造及发射X射线卫星的能力使天文学产生了一个专门研究宇宙高能和高温状态的新分支。2002年，贾科尼因此工作获得了诺贝尔物理学奖。

图 60：X射线波段的仙后A

这幅钱德拉卫星拍摄的X射线影像展现的是银河系中最年轻的超新星遗迹。它的学名是仙后A，距离我们约11 000光年，如果不是因为在它中心那颗大质量恒星爆发时周围被厚厚的尘埃茧所笼罩，它应该在300年前就很容易被人们观察到。仙后A不仅是一个明亮的X射线源，也是天空中除太阳之外最明亮的射电源。爆炸时从恒星中抛射出来的物质（图中表现为红色和绿色）被加热到超过1 000万度。爆炸产生的壳层（蓝色）以1 600万千米/小时的速度向外移动，温度高达3 000万度。当这个壳层撞击周围的星际气体时，会产生强烈的激波，可将气体加热到如此高的温度。这些激波区域可能就是产生接近光速的宇宙线粒子的地方之一。仙后A的全波段形象见图1。

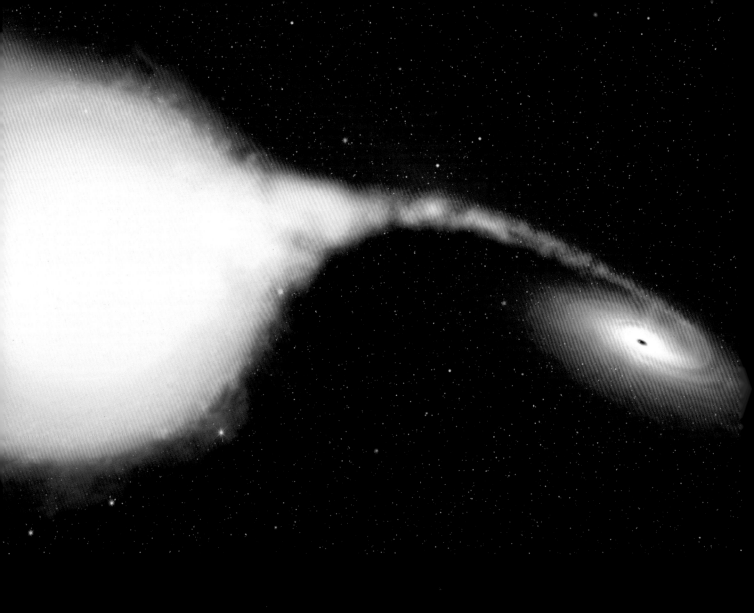

图61: 天鹅X-1（艺术想象画）

天鹅X-1距离地球1万光年，是银河系中活动最剧烈的地点之一。天鹅X-1据推测应为一个黑洞，其质量约为太阳的5倍，却被压缩在一个直径仅仅几千千米的极小区域之中。因其密度极高，引力场也就极强，因而可以将其伴星HDE 226868的物质源源不断地拉至自己的身边。这个伴星是一种被称之为"蓝超巨星"的大质量恒星，表面温度高达30 000 ℃。在气体盘旋着落入黑洞之前，会被进一步加热至更高的温度，从而发射出X射线和伽马射线辐射。

X射线辐射源

白矮星、中子星和黑洞

致密X射线源包括白矮星、中子星和黑洞。被强大引力吸入这些天体的气体都会因摩擦而加热到数百万度的高温。有些双星系统包含了一个超致密的天体和另一个较大的伴星，这个伴星不断会有物质被拉入致密天体，导致这样的双星成为明亮的X射线源。这种热天体发出的辐射非常强，以至在一个很小的区域里就可以观测到X射线。通常较冷的天体必须足够大才能在望远镜里现身，因为它们发出的辐射通常集中在较长（能量较低）的波段。为了能够更深入地了解宇宙中最神奇、最具活力天体的内部结构，必须建造更大、灵敏度更高的X射线望远镜。

活动星系

有趣的是，月球的X射线影像竟然有助于天文学家更好地理解星系的本质。ROSAT卫星于1990年拍摄的一幅照片清晰地显示出月球的圆盘，其中一部分因反射来自太阳的X射线而发亮，另一侧则在一片较亮的X射线背景衬托下显示出昏暗的轮廓。很长一段时间里，人们都难以了解这一X射线背景是如何产生的。它是与宇宙微波背景辐射一样的均匀辉光，还是来自众多单个的X射线源？20世纪60年代的第一次火箭实验发现了这个背景，但长达数十年都未能解开其神秘面纱。

随着X射线探测器分辨本领的不断增强，人们了解到，与真正的宇宙微波背景辐射不同，X射线背景是全天均匀分布的大量个体X射线源。如果这些辐射起源于银河系，那么它们的分布如此均匀就很难理解，所以人们推测这些X射线源应该来自非常遥远（或称为"宇宙学距离"）的地方。目前的观测表明，大多数这些辐射都产生于活动星系，而且是在宇宙中等年龄的时候开始发出X射线辐射。

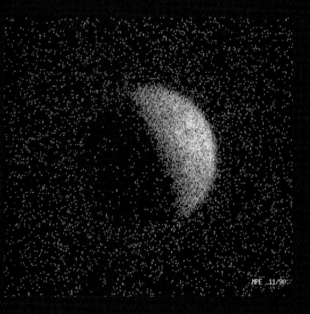

图62：月球的X射线阴影

这幅月球的X射线影像是ROSAT卫星于1990年拍摄的，影像中每一个点都是一次独立的X射线探测。粗略一瞥，我们可见月球的明亮部分主要都是反射来自太阳的X射线，但是如果我们仔细观察月球昏暗的那一边，会发现月球在一片发射X射线的背景上投下了一个阴影（月球暗部前面的暗弱信号应该源于地球大气的反射）。这样一种背景被称为X射线背景辐射，从20世纪60年代被发现以来困惑了天文学家几十年。今天我们已经明白几乎所有的X射线背景都来自宇宙"中等年龄"时众多活动星系的辐射。

一些较近的星系也会发出X射线辐射，其中一些看来是与星系中心超大质量黑洞吸入周围物质而释放能量有关。这种情况通常被称为活动星系核（AGN）。只有一小部分近距星系能够一直保持有活动中的黑洞，但这个比例在宇宙中等年龄时的星系中却可能要高得多，正如我们在图63这幅XMM－牛顿拍摄的深空影像中看到的一样。宇宙历史中曾经有过某一个特殊的时段，此时星系中心的黑洞已经足够大，同时星系中也还拥有足够多的气体以供黑洞"食用"，因而显得特别活跃。而在今天，星系中的气体已经消耗过多，很难再有足够的气体资源靠近黑洞以保持其活动性了。

这是一幅最近拍摄的极深空影像,累积曝光时间超过100小时,跨度约三个满月直径,它是ESA的XMM–牛顿望远镜看到的X射线天空形象。X射线的天空背景是一个个独立的源,每一个源用不同的"颜色"来表示,其中蓝色表示这个源中高能量(或称为"硬")的X射线比例较高,红色则表示其中低能量(或称为"软")的X射线比例较高。

图 64: 星系团 MS0735.6+7421 中的热气体

这是一幅星系团 MS 0735.6+7421(译注: 原书为"MS 0735.6+742",疑为印刷疏漏,应为"MS 0735.6+7421"。)的影像,它位于鹿豹座,距离我们约26亿光年。其中的可见光部分是哈勃空间望远镜于2006年拍摄的,许多白色的模糊光斑就是星系团本身,还有一些背景星系和前景恒星。图中蓝色的影像来自钱德拉空间望远镜,显示的是弥漫于整个星系团中温度高达5000万度的气体,然而在图像的左右方(译注: 原书为"上下方",但从实际图中看应为"左右方")却各有一个巨大的空洞,相当于银河系直径的7倍大,其中充满了穿行于磁场中的高速带电粒子,它们发出射电辐射。图中的红色图像来自新墨西哥州的甚大射电望远镜阵列(VLA),产生射电辐射的动力来自中央超大质量黑洞的喷流,这个喷流已将数万亿太阳质量的气体排斥了出去。

星系团

星系并不孤立,而是常常聚集成星系团,其成员或数百,或数千。在宇宙演化的历史中,它们通过引力吸引周围的单个星系或小型星系群而逐渐长大。星系团通常也是X射线的重要来源。实际上,星系团越大,它发出弥漫的X射线辉光也就越强。

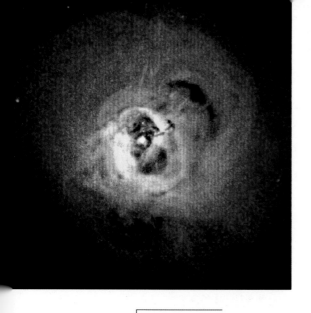

图65：英仙座星系团的中心

在星系团的典型X射线影像中，极热气体（10—100百万度）的分布相对而言都比较平滑。这幅钱德拉X射线空间望远镜拍摄的英仙座星系团影像却给出了完全不同的形态。图像中清楚可见巨大的亮环、涟漪和喷流。中间那个暗蓝色的纤维可能是因为某个星系被撕裂并掉入中心星系NGC1275而产生的。星系团中某些区域的热气体压力可能较低，因为一些不可见的高能粒子泡泡取代了气体。图中可见的一些羽毛状物可能是中心超大质量黑洞附近喷射出来的物体，这一喷射过程产生的声波加热了星系团中心区域的气体，使它不至于冷却、以较高的速率产生新生恒星。这一过程减慢了这一宇宙中最大星系之一的生长速度。它给出了一个很好的例子，使我们得以了解星系中心一个虽然较小，但质量很大的黑洞，如何控制星系之外气体的加热和冷却行为。

X射线照亮了暗物质

有时候，利用你能看见的东西可以帮助你更好地了解你看不见的东西。对星系和星系团中暗物质的研究就是这种情况。天文学家通过测量星系中恒星的运动，或者星系团中星系的运动，可以计算出其中一定存在着比我们所能看见的物质（即使已经使用了整个电磁波谱的探测手段）多得多的其他物质，它们因此得到了"暗物质"的名称，部分原因是我们看不见它，但更重要的是它代表了我们对其本质的无知。

发表于2006年的一项X射线研究重要成果更进一步加强了存在暗物质的证据，并使我们对它的性质有了更多的了解。天文学家将上面这幅"子弹星系团"的影像组合起来。这的确是两个星系团的对撞，其中很多星系成员都可以在作为背景的可见光影像中看到。覆盖其上的是X射线辐射（红色）和一幅关于星系团质量分布的图（蓝色）。质量分布图是使用一种称为"引力透镜"的方法得到的，星系的巨大引力会迫使其后方的背景星系产生偏折，偏折最厉害的地方，也就指示出星系团中质量最大的地方。

红色的X射线气体辐射和蓝色的质量分布图之间的差别表明两个星系团的正常物质和暗物质之间存在惊人的差异。图像右边那个红色的子弹状团块是其中一个星系团的炽热气体，在碰撞中穿过了另一个更大的星系团的炽热气体。两个气体云团都在碰撞阻力的作用下减慢了运动速度。与之相反，暗物质似乎并没有因为碰撞而减速，显然是因为它们彼此之间或它们与气体之间没有产生除引力之外的其他相互作用。所以，碰撞中两个星系团内的暗物质团块跑到了热气体的前面，产生了影像中暗物质和正常物质的分离现象。这一结果也再次证明了星系团中的大部分物质都是与正常物质十分不同的暗物质！

天文学家认为这些X射线辉光来自充斥于星系团中星系和星系之间空洞里的巨大而稀疏的气体云。这些气体可能多次从星系团的成员星系中被抛射出来,当它们与周围原已存在的气体碰撞时,就会被加热到1 000万到1亿度的高温,星系团越大,加热作用就越显著。如此高温的弥散气体冷却是非常缓慢的,因而可以将其热晕维持数十亿年。

对这些巨大X射线晕所做的研究表明它们可能在宇宙总质量中占了相当大的比例。这些气体富含铁元素,说明它们一定是早几代恒星的产物,因为只有在恒星内部才会产生重元素并在死亡之后返回给周围气体。近期关于X射线的新研究帮助天文学家更好地了解星系团中质量更大,却不可见的"暗物质"成分的性质。

太阳系

太阳表面5 500℃的温度发出的光照亮了地球,也温暖着地球,但在太阳的外层大气区域,其温度可能高达200万度。日冕大气因为受到太阳上

图 66: 太阳上数百万度高温的气体

NASA的TRACE卫星拍摄的一幅太阳耀斑照片。TRACE被设计为特意指向太阳的边缘,使用X射线和紫外线交界处的波段(极紫外线)来拍摄太阳影像。

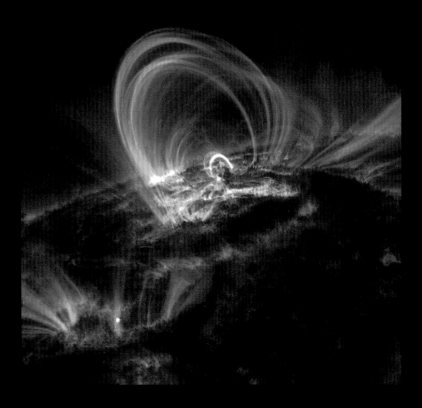

层大气扰动波的加热作用，并向外传递而累积起来。日冕大气继续向外就变成了吹向整个太阳系的太阳风，并在磁场的作用下对所有的行星及其卫星产生影响。天文学家通常只需使用紫外或X射线就可以很好地研究太阳外层大气的情况，但在日全食的时候，很多活动现象在可见光和红外波段也可清楚地看到，包括偶发的超能量事件——耀斑，甚至对地球产生影响，例如干扰通信、在两极地区引发迷人的极光等。

正如上文所述，月球的X射线观测对于我们了解活动星系的帮助甚至比对这个地球伴侣本身了解的帮助还多。事实上，月球是贾科尼及其同事们1962年对地球和太阳之外天体进行X射线研究的第一个目标。这个火箭搭载的实验没能找到月球，却发现了太阳系之外最亮的X射线源——天蝎座X-1！

然而，太阳系的其他行星也都找到了X射线。对木星，在其两极可以清楚地看到极光。土星则正好相反，在其赤道上见到的X射线辐射反而最强（但其强度要比木星弱很多）。高能太阳辐射与火星、金星、彗星等太阳系天体表面附近的原子发生相互作用，也都会发出X射线。

图67：X射线波段的土星

　　与木星不同，X射线波段的土星在赤道处显得最为明亮。实际上，这个微弱X射线辉光的性质与太阳十分类似，说明它们主要是对太阳光的反射，也就是说，点亮土星X射线辐射的过程与可见光十分类似。

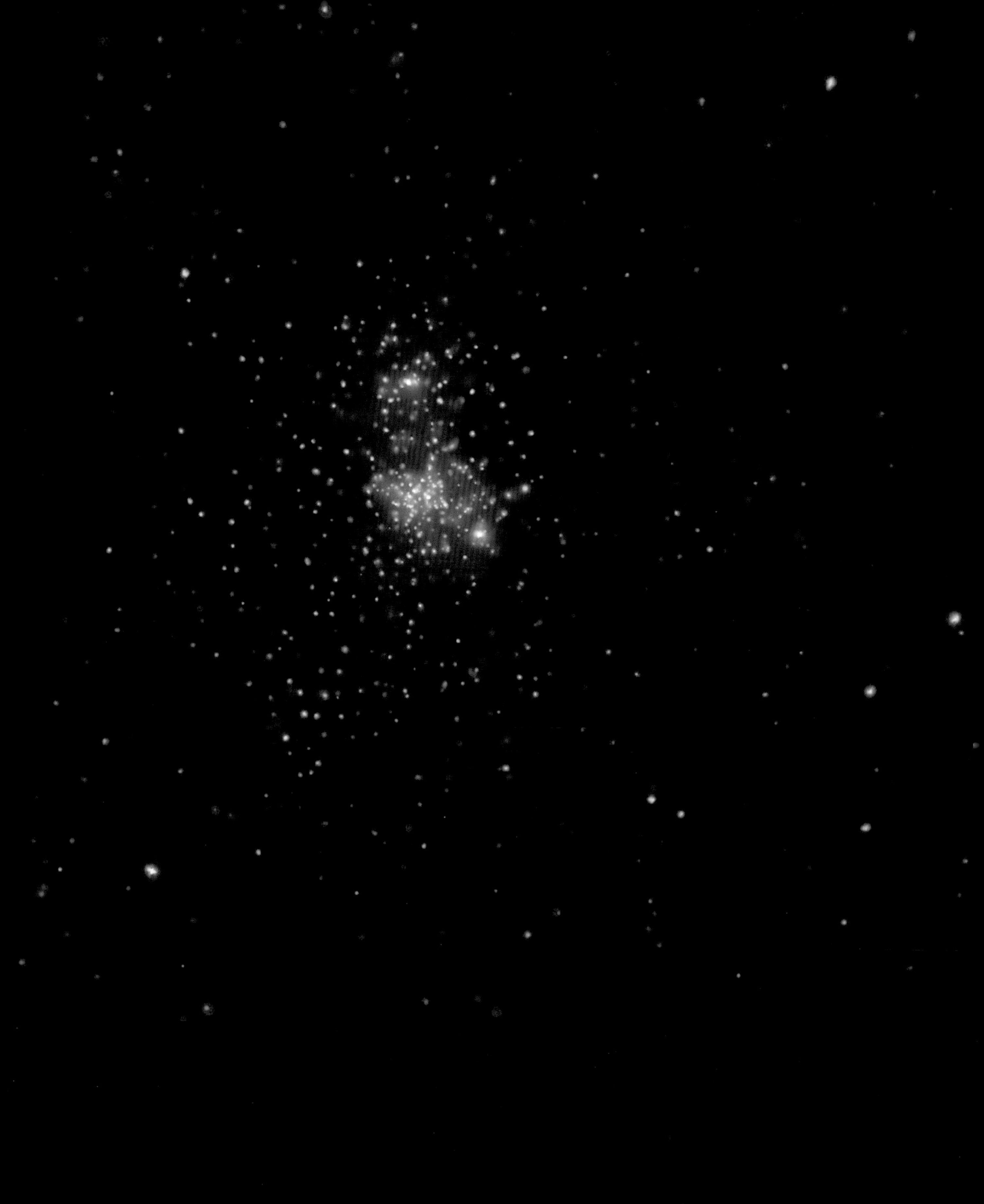

图 68：X射线波段的 Westerlund 2

上图是钱德拉X射线空间望远镜拍摄的 Westerlund 2，这是一个年仅1千万—2千万岁的年轻星团，由于被尘埃和气体所遮挡，直到最近才为人所知。然而，使用红外和X射线观测穿透这些遮挡之后，Westerlund 2 就成了银河系中一个非常值得研究的星团之一。它包含有许多已知最热、最亮、最大质量的恒星。较蓝的颜色对应于较高的能量。

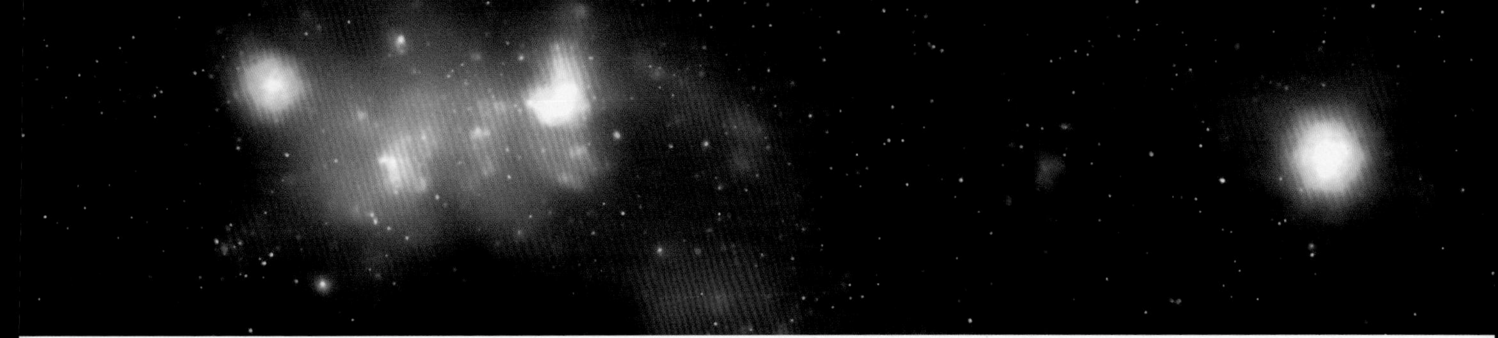

图 69：X射线波段的银河系

这幅来自钱德拉X射线空间望远镜的拼接影像使我们清楚地看到银河系中心区域的扰动怎样影响到银河系整体的演化。炽热的气体正从核心逃往银河系的其他区域。外流的气体，不断地在恒星解体的过程中增加其化学丰度，从而将各种元素洒向银河系的边缘地区。图中较蓝的色彩表示其X射线的能量较高，而较红的色彩对应于较低的能量。因为银心距离地球"仅"有2.6万光年，因而为我们提供了一个研究星系核心各种精彩现象的理想实验室。

推进到极限：伽马射线

伽马射线位于电磁波谱中最高能的一端，与X射线波段的最高能端相重叠。X射线主要源于电子在不同能级之间的跃迁，而伽马射线则主要来自原子核自身能量状态的改变，或是被加速到极高能量状态的粒子。伽马射线天文学使我们可以直接深入宇宙最边缘和最剧烈的物理过程。然而与X射线一样，伽马射线也被地球大气大量吸收。第一份伽马射线的观察报告来自1961年发射的"探索者11号"卫星，仅仅搜集了不到100个伽马射线光子，只够让科学家们猜测可能存在一个较低能量的伽马射电背景，可能是高能带电粒子（宇宙射线）与星际气体相互作用而产生的结果。20世纪70年代才第一次检测到单个的伽马射电源，但要将它与任何其他波段可见的天体联系起来都是十分困难的，因为此时的伽马射线观测分辨率非常差。即使在今天，已经拥有了像康普顿伽马射线空间天文台这样优秀的观测设备，经历了1991—2000年长达10年的观测，已知的伽马射线源中仍有一半左右尚未找到对应体，至今为谜。

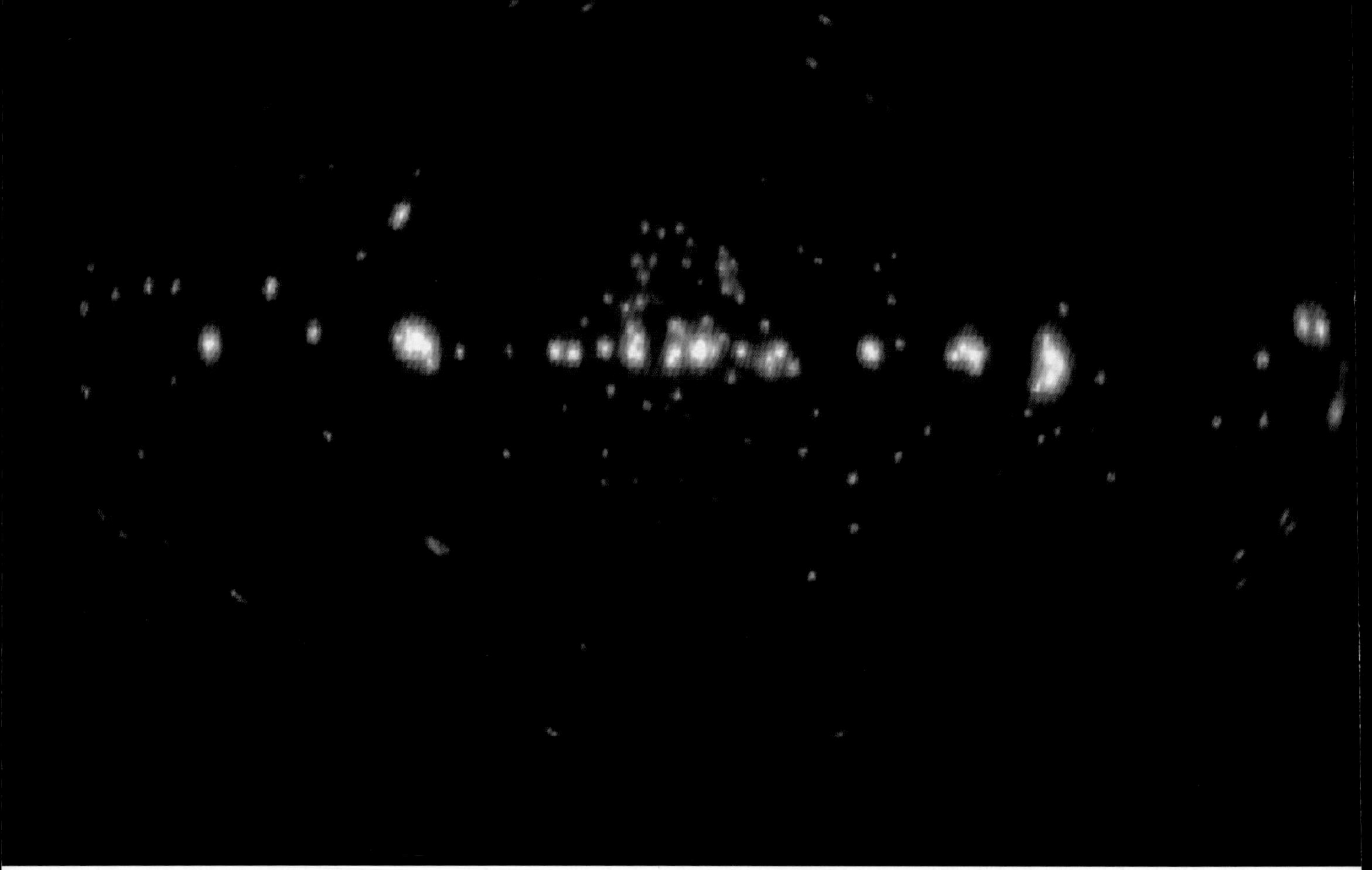

图70：神秘的伽马射线源

这张全天伽马射线源图是根据康普顿伽马射线空间望远镜多年观测得到的271个伽马射线源表数据构造出来的。它包含了银河系中的伽马射线源（图中水平线）和一些河外伽马射线源。然而，要将这些源证认出来还是相当困难，主要是因为很难精确确定每一个伽马射线源的位置。新一代的伽马射线望远镜，例如2008年发射的"伽马射线大视场空间望远镜"（GLAST）拥有更高的空间分辨本领，也许可以解开其中一些秘密，但是毫无疑问，新的更多的神秘又将接踵而至。

伽马射线暴

现在已知，比太阳明亮千万亿倍的短暂强伽马射线暴，是20世纪60年代军用卫星寻找核试验伽马射线时发现的。令人吃惊的是，这种伽马射线暴并不稀少，而是大约每周都会被检测到2 — 3次，因而成为许多研究的对象。这种爆发的持续时间短至毫秒，长至1分钟，还有一些时间更长的爆发，现在普遍认为与一种超高能量的超新星——极超新星，或者是明亮而快速燃烧的短命恒星坍缩成黑洞的过程有关。BeppoSAX卫星已经成功地证认出一些这种伽马射线暴的"事后辉光"，也就是在原初爆炸之后，在较低的能量辐射波段，例如X射线甚至可见光波段留下的辐射，这就使天文学家得以判断它们的源头位于我们所在的星系群之外，甚至超过80亿光年。

图 71：高能中子星

这是一幅艺术家关于奇异X射线脉冲星（AXP）的想象画，20世纪70年代，自由号X射线卫星首先观测到这种发射低能量X射线的脉冲星。AXP极其稀少，到目前为止也只发现了7个。现在初步认为AXP可能是X射线双星系统的一个成员，X射线辐射是其伴星物质在引力作用下落入AXP主星时产生的。

NASA于2004年发射的雨燕卫星则为人们加深对最短暂的超神秘伽马射线暴现象的认识提供了更多的线索。雨燕卫星能够协调X射线望远镜和光学望远镜在1分钟的时间内同步观测爆发现象，从而可以在爆炸的最早阶段就捕捉到与它有关的天体。

其他诸如INTEGRAL和刚发射的GLAST空间望远镜之类的探测仪器，与加纳利群岛上的MAGIC望远镜一起，正在孕育一场伽马射线天文学的革命，它们的分辨本领已经使得天文学家可以深入探讨黑洞、中子星和其他伽马射线源的秘密。

"X射线和伽马射线的光子数量比较长波长的辐射光子要少得多，但它们探测最剧烈、最古怪天体的能力却使得它们成为天文学家的无价之宝。"

X射线及高能革命

毫无疑问，我们对宇宙的看法因为地外X射线的发现而发生了惊人的改变。现在已经发现了数千个X射线源和不少与高能物理过程相关的天体。这些过程通常与"极端物理"，也就是极强的引力和磁场相关，它们可将粒子加速到相对论速度，可以将气体加热到数亿度，以及产生类似中子星和黑洞这样古怪的天体。极短的变化时标通常意味着极端致密的天体。由于与高能过程和短波长密切相关，X射线已成为探测中子星、黑洞附近，以及星系间炽热气体等天体的有力武器。X射线使我们可以探测活跃的恒星冕区，可以检测到与被称为"超级泡泡"的巨大热气体区域相关联的极热恒星，这些"泡泡"可能就是由强烈的恒星风造成的。在探索黑洞的过程中，大量奇异的X射线双星被发现了。X射线天文学还提供了研究黑洞的存在、性质及对其他天体影响的最佳手段。通过细致观察超新星遗迹、星系，特别是观察活跃的星系核心，越来越多的证据表明这些星系的活动性就是被超大质量黑洞所驱动的。还有其他一些谜团也得到了解释，比如对星系团X射线的研究找到了存在暗物质的新证据，并可用于研究它们的性质。

在电磁波谱的最高能量区域，诸如伽马射线广域空间望远镜（GLAST）这样的新型望远镜将大大促进紫外天文学的发展，例如寻找伽马射线暴的真正原因、检测未知的紫外天体等。

X射线和伽马射线的光子数量比较长波长的辐射光子要少得多，但它们探测最剧烈、最古怪天体的能力却使得它们成为天文学家的无价之宝。

图 72：人马座 A*，银河系里的超大质量黑洞

　　这幅来自钱德拉X射线空间望远镜的影像为我们展示了银河系中心的超大质量黑洞，又名为人马座A*。在人马座 A* 之外，这个区域还检测到了 2 000 多个X射线源，使其成为目前为止X射线源最为丰富的区域。

第九章　多波段的宇宙

图 73：车轮星系的多波段综合形象

图 73：车轮星系的多波段综合形象

这是一张车轮星系的真实全色影像。其中紫色是来自钱德拉空间天文台的X射线影像，蓝色是来自"星系演化探测器"（GALEX）的紫外影像，绿色是来自哈勃空间望远镜的可见光影像，红色是来自斯皮策空间望远镜的红外影像。几亿年前，一个小星系撞进了一个大型旋涡星系的核心，引发了涟漪般的恒星形成过程。在这幅综合影像中，第一个涟漪以紫外明亮的外环形式出现，大量数十倍于太阳质量的恒星在此诞生。紧贴着蓝色外环的粉红色团块是同时发出X射线和紫外辐射的区域，很可能是包含黑洞的双星系统造成的。星系中心的黄橙色内环和星系核源自经过加强处理的可见光和红外辐射，这一区域代表了碰撞产生的第二次涟漪，但是产生的恒星比第一次（外环）要少得多。星系内部的一缕缕红色来自尘埃。根据位置、速度的测量，以及明显缺少气体，只在可见光波段可见等特征的判断，图像左下方那个绿色的星系应该只是视觉上凑巧出现在这里。

开始的时候，天文学家只是一个可见光科学家。数千年来，人们都是使用其肉眼来观察和记录星光的。400年前，这一切发生了改变，伽利略首次将他的望远镜指向了天空，戏剧般扩展了我们观察和理解宇宙的能力。然而，在这之后的350年里，这一强大观星工具的潜力仍然被局限于我们肉眼所能感知的电磁波谱这一块极小的区域里。如你在本书中所见，过去50年中一系列的技术进步使我们迈进了隐秘的宇宙世界：射电波段、红外光、紫外光、X射线和伽马射线辐射区域的宇宙。宇宙"洋葱"被一层一层地拨开，露出了最丰富、最复杂，也是以我们长期积累的视觉经验所无法理解的真面目。当我们放眼全部的电磁辐射波段，我们的宇宙观将发生根本的改变。

"通过将各个单独波段的影像——从射电辐射到伽马射线——组合起来，可以勾勒出整个宇宙空间及其成分的历史演变轨迹。"

本书针对我们近些年来扩展了的这个宇宙多波段形象进行了描述。这些景象使我们认识到"看不见"的宇宙比以往可见光所见的宇宙更要内容丰富而且复杂得多。20 世纪初期发展起来的量子力学给人们带来的观念改变，为我们深入这些无法直接体验的世界打开了一条深邃却又折磨心智的通道。量子力学大大扩展了物理概念，也激励了哲学家和科学家更多的思考。1932 年从宇宙中发现的射电波是我们走向探索全波段辐射的第一步。缓慢迈进的步伐逐渐地将天文学从仅限于可见光的科学变成了依赖于现象、可以大大扩展我们的想象力的新科学。通过与量子革命后的物理学手拉手前进，我们获得的关于宇宙的看法，已经完全超出了百年前科学家的想象能力。

本章提供了神秘宇宙的完整形象。通过将各个单独波段的影像——从射电辐射到伽马射线——组合起来，可以勾勒出整个宇宙空间及其成分的历史演变轨迹。这是一个迅猛发展的新研究领域，它才刚刚起步，更需要投入我们全部的科学知识。

活动星系半人马A为这样一种历史图像提供了一个很好的例子，它可以带领我们穿越整个电磁波谱，了解本书涉及的各个层次的知识。它是距离我们最近的活动星系，距离大约 1 000 万光年，已经在许多波段进行了细致的观测和研究。我们可以通过每一个光谱的片断来研究这个星系不同层面的知识，然后组合成一个较为完整的综合形象。

图74：可见光波段的半人马 A

    上图左是欧洲南方天文台（ESO）2.2米望远镜拍摄的活动星系半人马A的可见光影像，右边则是哈勃空间望远镜的拍摄的影像。年老的星族发出黄白色的柔和色彩。一个醒目的暗带环绕着这个星系。图中蓝色结构是新生恒星组成的星团，燃烧般的橙色气体中点缀着许多尘埃纤维的剪影。

可见光波段的半人马A

    半人马A星系，又名NGC 5128，是南方天空中被研究最多的天体之一。英国天文学家詹姆斯·邓禄普（James Dunlop）早在1826年就已注意到这个星系独特的形态特征，但他并不知道这个美丽而独特的外形是因为尘埃带遮挡了星系中心而造成的。这个尘埃带很可能是大约1亿年前一个巨大椭圆星系与一个较小而充满尘埃的旋涡星系相互并合而留下的遗迹。

    在可见光波段，很容易看到半人马A由红巨星和红矮星这些年老星族组成的薄雾一般的椭圆辉光。沿着暗黑尘埃带的边缘分布着许多由年轻炽热恒星组成的明亮蓝色星团。而在燃烧般的气体辉光中则点缀着许多尘埃纤维的剪影。

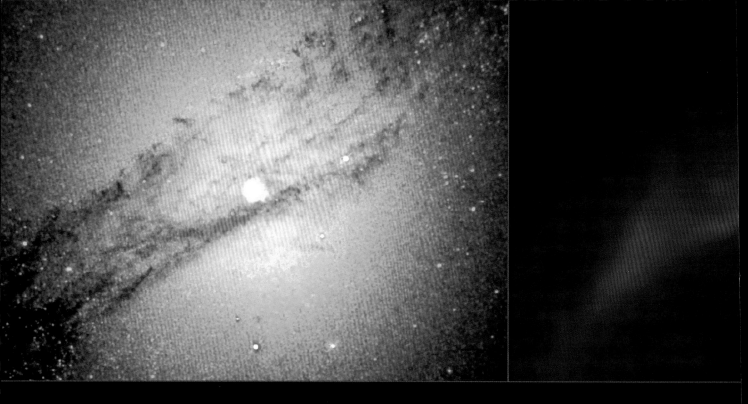

图75：红外波段的半人马A

上方左图是欧洲南方天文台（ESO）位于LaSilla的新技术望远镜在地面拍摄的近红外影像。深入到红外波段以后，尘埃带开始变得透明，其中的恒星开始发出辉光，参见中间的ISO影像（红色）。右边这幅是斯皮策空间望远镜拍摄的半人马A中心区的影像，分辨率非常高，尘埃云呈现出一个扭曲的平行四边形结构。ISO和斯皮策都有能力穿透尘埃云，因此可以深入研究半人马A的中心结构。

红外波段的半人马A

直到不久以前，半人马A核心的细节仍然大部分未知，因为它们隐藏在厚厚的尘埃带之后，它们在可见光波段完全遮挡了观测者的视线。为了深入核心，就必须使用红外波段，尘埃物质在这个波段就变得透明多了。

20世纪90年代，欧洲航天局（ESA）的"红外空间望远镜"（ISO）使用ISOCAM相机成功实现了在中红外波段某些谱线区域对尘埃辐射的观测。他们发现了一个长达1.5万光年、平行四边形形状的尘埃结构。这个棒状结构可以将气体传输到星系核心。

1997年，哈勃空间望远镜的近红外相机更进一步深入其中心，发现了中心附近一个薄薄的气体盘，看起来非常像是物质落入中央黑洞而产生的吸积盘。

图 76：紫外波段的半人马A

上图是GALEX卫星拍摄的半人马A的紫外波段影像，显示出其中与尘埃带相关十分繁忙的恒星形成区。一直延伸到左上方的一串蓝色节点被认为是受到中心黑洞产生的强大喷流影响的区域。

紫外波段的半人马A

GALEX卫星拍摄的紫外影像在星系中心，特别是沿着边缘和尘埃带的上表面，呈现出特别强的紫外辐射，这是由一个年轻的超大质量星团产生的（参见可见光影像中的蓝色部分）。星系中大多数的紫外辐射都源自星系盘中剧烈的恒星形成过程。没有哪些紫外辐射与作为星系主体的年老星族有关，也没有检测到来自中心黑洞的紫外辐射，可能是因为被尘埃带所遮蔽。

图中还可以看到一串与射电辐射和X射线喷流（参见图77及图78）相关联的紫外光点从星系中心一直延伸到左上方距离中心13万光年之外。它们可能是被喷流所直接照亮，也可能是被喷流作用诱发诞生的年轻恒星所照亮。

图77：射电波段的半人马 A

半人马 A是天空中最明亮的射电源之一。上图是甚大射电望远镜阵列（VLA）观测到的影像。大部分的射电辐射并非直接来自狭窄而笔直的超声波喷流，而是来自较为宽广的 "射电瓣"，它是在喷流的尾端因强大激波作用而形成的结构。科学家们相信瓣中的物质来自喷流，历经了数百万年的积累。另一个大型单天线望远镜（澳大利亚帕克斯64米射电望远镜）观测的影像显示出一对更大的射电瓣，在天空中延伸超过9度（是月球在天空中张角的18倍），它可能源自一次更早的喷发事件。.

射电波段的半人马A

半人马A是天空中最明亮的射电源之一（它的名字就已表明它是半人马座最强的射电源）。半人马A距离我们约1 000万光年，也是最近的一个射电星系。来自中心致密区域的射电辐射表现出强大的活动性。现在普遍猜测这个强大的能源来自中心超大质量黑洞对周围物质的吸积作用。这个 "中央野兽" 的质量估计为太阳质量的5 000万倍。

从半人马A的图像中可以看到两个非常醒目的喷流，它们由高能粒子组成，又直又窄，从中央黑洞向两侧伸展数百万光年。这些粒子发出射电辐射，使我们可以检测到这个喷流，并得以研究其中的能量如何转移。

X射线波段的半人马A

图78: X射线波段的半人马A

这幅X射线波段的半人马A影像是钱德拉空间天文台积累了7天的长曝光时间而得到的。图中以蓝色表示高能X射线，绿色表示中等能量X射线，红色表示低能量X射线。指向左上方的喷流和较暗的反向喷流，是由中心黑洞所驱动的，射电波段也可以清楚地看到它们（图77）。图像右下方可见一个由喷流推出的高能粒子气泡，显示为绿色。几乎垂直于喷流的暗绿色和暗蓝色条带是部分吸收X射线的尘埃带。

半人马A壮观的X射线影像清楚地显示出其中心超大质量黑洞的作用效果。向相反方向喷射出来的高能粒子喷流在宇宙空间伸展到非常遥远的地方。这个喷流在射电波段也能看到（图77）。它们都是由中央黑洞驱动的，为将能量从中央黑洞传递到整个星系甚至外围区域提供了重要的途径，对其路径上的恒星形成速率可能也造成了不小的影响。

围绕磁力线旋转运动的高能粒子会以喷流和反喷流的方式产生X射线辐射。这一辐射将削弱电子的能量，所以它们必须不断地得到加速，否则X射线辐射很快就会枯竭。钱德拉影像中检测到喷流中许多节点状的结构，就是正在发生粒子重新加速作用的地方，它为我们理解电子如何被加速到接近光速的程度提供了重要的线索。

X射线喷流靠近黑洞的向内部分以这些X射线辐射节点结构为主，可能来自于喷流产生的激波，与声暴现象类似。在远离黑洞的地方，喷流上的X射线辐射显得更为弥漫，这一部分的粒子加速机制至今还不清楚。

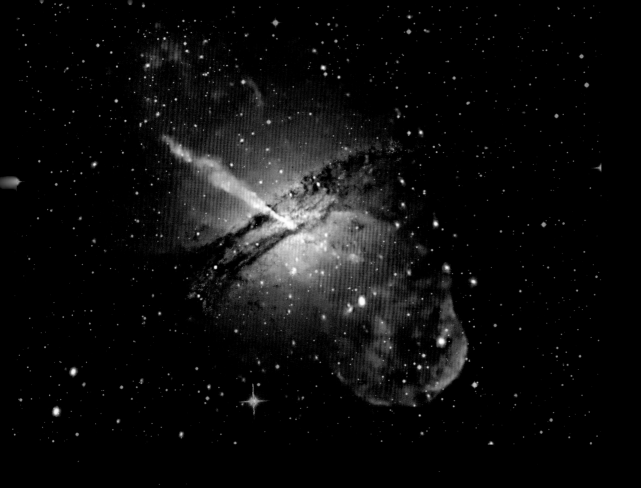

钱德拉影像中还可以看到数百个点状辐射源,其中有许多都是X射线双星,它们一般都是由一个恒星级的黑洞和一个伴星彼此绕转而形成。

半人马A的多波段综合形象

每一个波段都告诉我们一些半人马A的特别信息,那么总体的形象是什么样的呢?我们可以选择不同波段拍摄的影像来拼合成一幅跨越了较宽波段范围的综合形象。图79就是这样一种尝试,它采用了本书介绍的6种波段中的3种。由于人眼只能分辨三种基本颜色,这一限制使得我们很难在一张图上展现更多波段的影像。

要了解光的性质从天体的一个部分到另一个部分是怎样变化的,使用图像是最有效的办法。但是这种办法受限于我们只能辨识少数几种颜色。另一种有用的办法就是画出一幅总辐射量随波长变化的关系图。虽然牺牲了观察天体不同部分之差别的能力,但这种办法能够精确地描述辐射量在整个光谱范围的变化情况,可以得出更完整的天体总体物理图像。

图 79:半人马A的多波段综合形象

这幅半人马A的多波段影像综合了钱德拉的X射线、ESO2.2米光学望远镜的可见光影像和VLA的射电影像。尽管这一图像已经综合了电磁波谱中非常宽广的信息,却仍然只能揭示其真正本质的一部分。

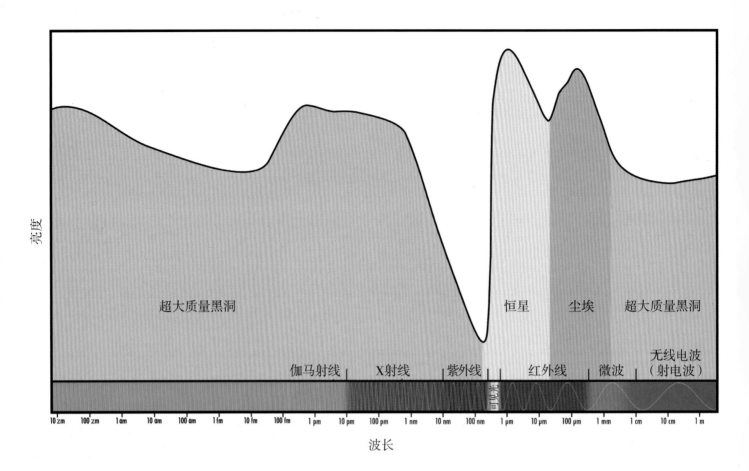

亮度

超大质量黑洞

恒星　　尘埃　　超大质量黑洞

伽马射线 | X射线 | 紫外线 | 红外线 | 微波 | 无线电波（射电波）

可见光

10 zm　100 zm　1 am　10 am　100 am　1 fm　10 fm　100 fm　1 pm　10 pm　100 pm　1 nm　10 nm　100 nm　1 μm　10 μm　100 μm　1 mm　1 cm　10 cm　1 m

波长

图80：半人马A的完全光谱分析

　　上图是一幅半人马A的完整光谱分析，涵盖了从最高能的伽马射线区域到最长波长的射电辐射。它显示的是整个星系的辐射沿着波长方向分布的函数关系。 这种曲线被称为"光谱能量分布"（简称SED），其数据来自多台不同类型的望远镜或探测器。图中还给出了不同类型辐射的来源。恒星光只在可见光附近一个很窄的区域内起作用（曲线形状近似于黑体辐射谱，参见图11）。红外波段的峰值部分来自尘埃物质，由于吸收了星光或接受了来自超大质量黑洞的辐射而被加热，然后在较冷、波长较长的热辐射波段发射出来。其他的辐射大多数都是在物质被吸入星系核心超大质量黑洞的过程中产生出来的，它们在可见波段都因被厚厚的尘埃带遮挡而不可见。

　　直到现在，能够从射电波段到伽马射线进行完整研究的天体还十分稀少，但是未来这种工作会越来越多。图80给出了半人马A星系近乎完整的全波段影像。这种形式的数据在解释的时候需要特别小心。很重要的一点是要了解不同的辐射是从哪里来的。比如: 大多数的射电辐射来自外部延展的瓣状结构，X射线辐射来自活动星系核和相关的喷流，可见光则来自椭圆形广泛分布的众多恒星。

　　一般而言，类似这样的能量分布图能够告诉我们许多关于星系的全局性能量过程。星系的星光来自恒星深处的核反应。在恒星核心高温高压环

"天文学家已经越来越多地依赖全波段对包括恒星、星云和星系在内的各种天体进行研究，来探索宇宙的各个层次。"

境下发生的核聚变释放出的能量，缓慢地扩散到恒星表面后，大部分以可见光、紫外光和近红外光的形式向空间辐射出来。这一能量是依据爱因斯坦著名的质能转换公式$E = mc^2$由物质转换成能量的，其结果是较轻的化学元素，即氢和氦，被转变成了较重的元素，例如碳、氮、氧等。这一过程最终使得宇宙的化学组成随着时间而慢慢地发生变化，最终产生形成行星和生命所必需的重元素。

然而，来自超大质量黑洞的能量则是一种完全不同的物理过程。掉向黑洞势阱的物质会被加速到非常大的速度，却被限制在一个很小的空间里。即使一颗小行星掉入地球的引力范围，撞向地面时也会产生相当强大的光和热，而当物质被旋进一个质量大到不可思议的黑洞的势力范围时，所能发出的能量更是大得匪夷所思！在图80这幅半人马A的能量分布图中，不同波段范围的能量释放可以来自不同的物理过程，但是最终大多数的能量都来自物质落入黑洞的过程。

半人马A是目前为止仅有的一个已进行过全波段研究的天体。天文学家已经越来越多地依赖全波段对包括恒星、星云和星系在内的各种天体进行研究，来探索宇宙的各个层次。每一种物理现象都留有其独特的光谱印记，而且并非每一种天体都能在所有波段上被观测到，但是通过综合来自各个波段的研究资料，天文学家可以更好地了解每一种复杂现象的内在奥秘。

使用这样的能量分布图，我们已经得出推论，来自恒星光的总能量与来自引力坍缩而形成的超大质量黑洞的能量大致相当。这是两个十分不同的过程，为什么会产生如此相似的能量总量？其原因还并不清楚。它们之间一定存在某种神秘的关系，天文学家正在试图理解这种关系到底是什么。看起来黑洞可以成为控制一个充满恒星的星系如何成长和演化的"恒温器"。如果星系成长速度过快，中央黑洞就会得到充足的美餐，变得过分兴奋、极端明亮，并促使大量的气体和尘埃抛出星系，从而有效地阻止新生恒星的快速形成。这样一种关于中央黑洞和星系恒星之间的"反馈"作用已经成为当代天体物理学的一个关键，对如何合理解释宇宙面貌和行为意义重大。

补充说明

  我们在探索宇宙的路上已经走了很远。沿着这条道路，我们已经讨论了产生各种电磁辐射的物理机制，例如来自黑体的热辐射，或来自快速移动带电粒子的更为奇特的形式。当我们接近终点线的时候，展示了一个多波段的综合形象（图80），这已代表了目前关于这个宇宙中最奇特天体最全面的认识。无需赘言，我们目前还仅只揭开了故事的一部分。

  2008年3月，《科学》杂志发表了阿根廷皮埃尔·奥杰天文台关于宇宙线观测的第一批成果。根据从2004年1月到2007年8月期间的观测数据，奥杰天文台的研究团队声称检测到了21个"波长"小于 2×10^{-26} 米（相当于能量高达 5.7×10^{19} 电子伏特）的粒子。其中至少有两个宇宙线粒子可能来自半人马A，这是历史上第一次为高能宇宙线与单个星系找到了关联。这一结果很快就引来了一系列的理论分析，试图说明为什么半人马A的黑洞就是产生这些高能宇宙线的源泉。如果要在图80中画出这个结果的话，大约会位于图像左边缘之外5厘米处！目前检测到最高能量的宇宙线携带的能量相当于一个以每小时150千米速度运动的网球所携带的能量。

  所以，本书所集中探讨的电磁辐射并非探索这个神秘宇宙的唯一窗口。仍然存在来自太空的其他信息可以帮助我们揭开更多的谜团。那么这些信息是什么？我们又需要什么样的望远镜来观察它们呢？

  高能宇宙线，大部分由质子（即氢原子核）组成，但也可以由氦原子核（α粒子）、电子和更重元素的原子核所构成，它们与地球大气中的粒子发生相互作用，产生蓝色闪光以及其他许多可被地面探测器所探测到的粒子。宇宙线望远镜既可以对上层大气的蓝色闪光进行成像，也可以记录到许多由原始粒子激发产生的二级粒子簇。

  其他宇宙信息的使者还包括神奇的中微子。它非常难以探测，因为它甚至能穿透一堵太阳系那么大用铅做的墙，而自身不受任何损伤。从太阳核心发出的中微子数量巨大，以至于每秒钟有高达5亿亿个的中微子从你身体中穿过，而你却没有一丝一毫的感觉！因此，要建造一个"中微子望远镜"是极端困难的。但是科学家还是进行了一些努力，希望能够检测到来自太阳或超新星1987A的中微子，后者于1987年2月23日被观测到在大麦哲伦星系中爆发。

时空自身也会发生振荡，这样一种被称为"引力波"的扰动也可以成为携带宇宙信息的使者。虽然人们迄今为止还不能直接探测到它，但是众多的间接证据表明这个现象应该是存在的。普林斯顿大学的罗素·阿兰·赫尔斯（Russell Alan Hulse）和约瑟夫·胡顿·泰勒（Joseph Hooton Taylor）观测到来自脉冲星PSR B1913+16的射电脉冲周期逐年缩短。这种不规则性可以归因于一个双星系统，它们彼此绕转的方式可以用爱因斯坦的广义相对论精确预言，还可以计算出这个系统的引力辐射。赫尔斯和泰勒因此而获得了1993年的诺贝尔物理学奖。目前有一些引力波探测器已经开始设计、建造，甚至有些已经开始工作。

这些"无光"望远镜的发展已经对天体物理学产生了巨大的影响，未来还将开辟更加有趣的新研究领域。其重要后果之一就是高能物理学家和天文学家已经学会彼此学习各自的正规语言和私密暗语，激发出更多的合作，以促进人们更好地理解我们生存于其中的这个世界。

窥探宇宙神秘部分的窗口已经打开。正如历史上反复出现过的那样，我们对物理本质的理解，以及我们的世界观，一直在变化。我们疑惑的是：宇宙究竟还有多少秘密……

拉尔斯·林伯格·克里斯滕森
（Lars Lindberg Christensen）

拉尔斯是科学传播领域的专家，哥本哈根大学物理和天文学硕士，现担任位于德国慕尼黑的哈勃欧洲航天局信息中心主管，负责美国国家航空航天局/欧洲航天局哈勃太空望远镜在欧洲的公众教育和宣传。他在上任之前曾担任哥本哈根第谷·布拉赫天文馆的技术专家，并积累了长达10年的科学传播工作经验。

拉尔斯至今已发表了100多篇文章，其中大多都是深受大众喜爱的科学传播与理论。他的其他兴趣点涵盖了传播学的几个主要方面，包括图像传播、科普写作和技术与科学理论传播。他还著有许多图书，包括著名的《科技传播者实用指南》（*The Hands-On Guide for Science Communicators*）以及《哈勃望远镜——15年的探索之旅》（*Hubble – 15 Years of Discovery*）。其著作已经被翻译成芬兰语、葡萄牙语、丹麦语、德语和中文。

他还为各种不同的媒体受众制作了从球幕电影、激光电影和幻灯片，到网络、纸质媒体、电视和广播的各类宣传资料。其传播的精髓主要是设计思想和创新策略相结合，力争做到高效科学传播和贡献更多教育资源……具体内容包括与技艺精湛的技师和绘图专家互相合作。

拉尔斯是国际天文学联合会（IAU）的新闻官员，国际天文学联合会公众传播天文委员会（IAU Commission 55）的创办成员兼秘书官。他还是欧洲航天局/欧洲南方天文台/美国国家航空航天局的Photoshop FITS Liberator项目经理，《在公众间传播天文》（Communicating Astronomy with the Public）杂志的执行主编，哈勃视频播客（Hubblecast）的导演，国际天文年秘书处经理，科普纪录片《哈勃望远镜——15年的探索之旅》的导演和监制。2005年，拉尔斯因其在科学传播领域取得的巨大成就，成为史上最年轻的第谷·布拉赫奖章获得者。

罗伯特（鲍勃）·福斯贝利
（Robert (Bob) Fosbury）

鲍勃现供职于欧洲航天局（ESA），从事欧洲航天局与美国国家航空航天局（NASA）合作的哈勃项目。该项目与位于德国慕尼黑附近的欧洲南方天文台（ESO）密切合作，因而得益于ESO提供的理想环境。他从1985年，也就是哈勃发射前5年就已开始从事这一工作。在这一阶段的后期，鲍勃服务于NASA的特别科学工作组和ESA的科学研究队，他们一起为下一代空间望远镜——韦伯空间望远镜提出了概念设计。

鲍勃已经发表了200多篇科学论文，研究范围涉及恒星的外层大气、类星体和活动星系核的性质，以及宇宙最遥远的地方新生星系的物理学。他是1969年从英国皇家格林尼治天文台（RGO）开始其职业生涯的，1973年从附近的苏塞克斯大学获得了理学博士学位，并成为新组建的位于澳大利亚新南威尔士的英澳天文台4米望远镜项目组的第一批研究员。鲍勃此后进入到当时还从属于瑞士日内瓦"欧洲核子研究中心（CERN）"的ESO。他后来又在RGO工作了7年，为加纳利群岛新建拉帕尔玛天文台的仪器研制，以及开创性的Starnik天文计算机网络提供服务。

鲍勃于2008年临时担任了ESO公众事务部的负责人，他对各种自然现象的研究保持了很长时间的兴趣，特别是对于大气光学和自然色的起源尤其有兴趣。他还是一个摄影家，发明了很多用于红外、紫外和立体成像的技术。

罗伯特·赫尔特
（Robert Hurt）

罗伯特·赫尔特是斯皮策空间望远镜的可视化科学家。他因对星暴星系的射电研究而从加州大学洛杉矶分校（UCLA）获得了博士学位，他致力于结合射电与红外的数据，对银河系及河外星系的恒星形成过程进行研究。

他在天文学、哲学和数字艺术方面都有很好的造诣，因而十分胜任斯皮策可视化科学家的角色。他除了可以熟练地操作天文数据库、演示科学主题，还导演了大众化的"神秘的宇宙"视频博客。他正在从事的其他工作还包括由欧洲航天局/欧洲南方天文台/美国国家航空航天局联合主办的Photoshop FITS Liberator格式解读器和用于"虚拟天文学多媒体计划"的元数据标准的研发和运营。

名词解释

Absorption（吸收）：气体、液体和固体都可以吸收光子。与被吸收光子相对应的能量在此过程中被转化成其他能量形式，比如热量，或是被吸收物质能量状态发生改变。

Absorption bands（吸收带）：这一术语用来表示因分子吸收而在一系列相近波长处产生的辐射突然减弱现象，这些吸收作用会导致分子带电性、振动性和旋转状态的改变。术语"带"是指一系列吸收线因为彼此十分靠近，因而看起来像是一个较宽的带状凹陷区域。

Absorption line（吸收线）：当一些特定波长的光子导致原子或分子中的电子从一个能量状态跳变到另一个能量状态时，在光谱上就会出现一条相应的吸收线。每一个原子和分子都会拥有若干特定的谱线，可以据此来证认化学元素或是某个天体源中气体所处的物理状态（温度、压力等）。参见**Emission line**（发射线）。

Additive colours（加色混合色）：将红、绿、蓝三种原色按不同的比例混合起来后形成的色彩称为"加色混合色"。三原色都按100%的比例进行混合时将产生白光，而三原色都为0时，产生的就是黑色。计算机的监视器就是使用混合色模型来进行显示的。参见**Subtractive colours**（减色混合色）。

Band（波段）：即**Wavelength band**（波段）。

Blackbody radiation（黑体辐射）：又名腔体辐射（cavity radiation），是一个具有完全吸收性质的理想物体被加热到某一温度后发出的特征光谱。这种辐射仅依赖于温度，而与发射体的具体物质组成无关。仅开有一个小洞的腔体发出的辐射与此类似，因此可以用来模拟黑体的行为。参见**Planck's Law**（普朗克定律）和**Displacement Law**（位移定律）。

Bremsstrahlung（韧致辐射）：德国人称之为"刹车辐射"（braking radiation）。一个带电粒子，例如电子，当它撞上另一个带电粒子并被其阻挡偏转，从而产生减速时发出这种辐射。损失的动能将转变成电磁辐射。

Doppler effect（多普勒效应）：当我们在某一物体上观察另一个与它保持相对运动的物体时，这个运动物体所发出光子的频率（或波长）将发生变化。通过测量某个已知原子谱线发生的波长变化，即可确定这个运动的发光物体在视线方向的运动速度。

Dust re-emission（尘埃再发射）：围绕于一个明亮天体（例如恒星、星团或正在辐射能量的黑洞）周围的尘埃云，会被这些天体发出的辐射所加热，并将吸收到的能量在一个波长更长（即较低能量）的波段重新发射出去。来自恒星形成区的紫外能量通常会被加热到−230℃左右的尘埃转变成远红外波段的辐射。

Electromagnetic radiation（电磁辐射）：电场和磁场分量彼此垂直振荡产生光波，并沿着与两个振荡方向都垂直的方向传播出去。对于电磁辐射而言，"光"和"辐射"这两个名词可以彼此互换使用。

Electromagnetic spectrum（电磁波谱）：跨越所有波长范围的各种电磁辐射的集合。

Emission line（发射线）：当原子（或分子）中的电子从某一较高能级跃迁到较低能级去时，就会发出具有特定波长的辐射，在光谱上即表现为特定波长的发射线。参见Absorption line（吸收线）。

Enhanced colours（增强色）：天文摄影中，有时要使用非常窄波段范围的滤光片，目的是捕获某些特殊类型原子，如氢、氧、硫等受激后产生的辐射。当我们把这些各别的曝光影像组合起来形成一个新图像时，其结果就称为"增强色"。参见representative colour（代表色）和natural colour（自然色）。

Fluorescence（荧光）：诸如紫外光（有时也被称为"黑光"）之类的短波辐射，可能会激发一些物体（气体、固体或液体）在较长波长处发出另一种辐射，称为"荧光"。

Frequency（频率）：参见Wavelength（波长）。

Gravitational lensing（引力透镜成像）：宇宙空间中存在一个非常大质量的天体，例如星系团时，就会发生这种现象，局部空间发生弯曲，会使得其后方天体发出的光被偏折，就像一个透镜对后方物体产生折射作用一样。

Kelvin（开尔文）：一种热力学温度标尺，其增长单位与摄氏温度一样，但其零点定在绝对零度，而不是水的冰点。0 开 = −273.15 °C。

Light-year（光年）：光在真空中一年所经过的距离，1 光年= 9 460 730 472 581 千米。

Luminosity（光度）：天体单位时间里发出的总能量。它与视亮度之间的关系与光源和观测者的距离有关。

Micrometre（微米）：1 米的百万分之一。

Nanometre（纳米）：1 米的十亿分之一。

Natural colour（自然色）：当我们使用分别通过红、绿和蓝色滤光片拍摄的影像组合成一幅新图像时，其结果被称为"自然色"，因为这三个波段十分接近于人眼细胞对颜色的敏感度。参见：Representative colour（代表色）和Enhanced colours（增强色）。

Non-thermal radiation（非热辐射）：宇宙中与黑体辐射无关的其他类型的辐射，例如"同步加速辐射"和"韧致辐射"。

Picometre（皮米）：1 米的万亿分之一。

Photoelectric effect（光电效应）：遭受短于某一波长的光波照射时，有些物质的表面会发出电子。改变光强可以影响发出的电子数量，而不是它们的能量，这样一个事实导致爱因斯坦认识到电磁辐射来自现在被称为"光子"的一个个分立的"波包"。因为对这个现象的解释以及他对其他物理学的贡献，爱因斯坦获得了1921年的诺贝尔物理学奖。

Photometry（测光）：光度测量，简称测光，是天文学家用于测量天体光强度的方法。参见

Spectroscopy（光谱分析）。

Photon（光子）：即光粒子。光子同时具有粒子性和波动性。参见Wave-particle duality（波粒二象性）。

Planck's Law（普朗克定律）：描述黑体辐射与温度的关系。它指出一个黑体将在所有波长都发出辐射，但其辐射强度出现峰值的波长与黑体的温度有关。参见：Blackbody radiation（黑体辐射）和Wien's Displacement Law（维恩位移定律）。

Primary（原色）：根据人眼中不同的接收体对颜色的敏感度而定，通常定为红、绿、蓝。

Radiation（辐射）：参见Electromagnetic（电磁辐射）。

Redshift（红移）：当一个天体离开观测者向远方奔去时，它所发出的光波会产生偏红的现象。来自遥远星系的光都会发生红移，这种现象是由宇宙膨胀产生的，红移量与天体的距离成正比，常可用来作为距离指示。

Re-emission（再发射）：一个物体吸收能量后在较长的波长处再次发射出去的现象。

Regime（区域）：参见Wavelength regime（波长区域）。

Representative colour（代表色）：当我们使用"不可见"光谱波段的数据形成一幅影像时，其结果就被称为"代表色"。参见Enhanced colours（增强色）和Natural colour（自然色）。

Resolution（分辨率）：分辨细节的能力，通常用来描述望远镜对天体进行测量和记录的精度。

Scattering（散射）：光子可以被诸如电子、原子、分子或尘埃颗粒之类的小粒子偏转或弹开，这一过程被称为散射，类似于固体物质之间的反射。

Secondary colours（次级色）：将两个基本原色混合在一起产生的颜色。

Spectral line（谱线）：光谱中的暗线或亮线，是由于光谱中某一狭窄的波长区域内光子数缺少或过多而造成的。

Spectral line radiation（谱线辐射）：来自谱线的辐射。

Spectroscopy（光谱分析）：天文学家用于测量一个天体的光强与波长的函数关系的技术。参见photometry（测光）。

Spectrum（光谱）：光强度随波长而变化的关系。参见Absorption line（吸收线）和Emission line（发射线）。

Subtractive colours（减色混合色）：将减色法三原色，即青、品红色和黄色，按不同的比例混合以后产生的色彩。常用于印刷和颜料调和。参见Additive colours（加色混合色）。

Synchrotron radiation（同步辐射）：相对论性电子旋转穿越磁场（从而改变速度）时发出的辐射。参见Non-thermal radaition（非热辐射）。

Thermal radiation（热辐射）：参见Blackbody radiation（黑体辐射）。

Wavelength（波长）：两个波峰之间的距离。波长与频率成反比。波长、频率、能量这三个术语通常可以交换使用，波长越长，相应的能量和频率就越低。

Wavelength band（波段）：整个电磁波谱分为七个部分，依波长逐个递减分别为：射电、微波、红外、可见光、紫外、X射线和伽马射线，每一部分称为一个"波段"。

Wavelength Regimes（波域）：对电磁波谱中每一个波段进行更细致的划分，例如近红外、中红外和远红外区域等，每一区域称为"波域"。

Wave-particle duality（波粒二象性）：所有已知的物质和能量都可以既表现出波动性，又表现为粒子性，这是量子力学的核心概念之一。

Wien's Displacement Law（维恩位移定律）：黑体辐射峰值对应的波长与黑体温度之间的反比关系，也就是说，温度越高，黑体辐射峰值对应的波长越短。参见Blackbody radiation（黑体辐射）和Planck's Lwa（普朗克定律）。

英汉名词对照

为确保本书科学译名不致引起歧义，译者为本书中出现的一些科学名词和人名、地名特别准备了一份英汉对照表，以供读者参考。

一、探测器及大型天文研究计划

项目英文全名	英文简称	中译名称
Acatama Large Millimeter Array	ALMA	阿卡塔玛大型毫米波阵列
Australia Telescope Compact Array	ATCA	澳大利亚射电望远镜密集阵列
Balloon Observatory of Millimetric Extragalactic Radiation and Geophysics telescope	BOOMERanG	球载望远镜（用于毫米波河外射电辐射及地球物理研究）
BeppoSAX	BeppoSAX	Beppo X射线天文卫星
Cosmic Bakground Explorer	COBE	宇宙背景探测器
Chandra X-ray Observatory	Chandra	钱德拉X射线空间望远镜
Compton Gamma Ray Observatory	CGRO	康普顿伽马射线空间望远镜
Digitized Sky Survey	DSS	数字巡天计划
Galaxy Evolution Explorer	GALEX	星系演化探测器
Gamma Ray Large Area Space Telescope	GLAST	大视场伽马射线空间望远镜
Square Kilometer Array	SKA	平方千米射电望远镜阵列
International Gamma-ray Astrophysics Laboratory	INTEGRAL	国际伽马射线天体物理实验室
Röntgen satellit	ROSAT	伦琴X射线探测卫星
Solar and Heliospheric Observatory	SOHO	太阳和太阳风层探测器
Spitzer Infrard Nearby Galaxy Survey	SINGS	斯皮策红外近邻星系巡测计划
Spitzer Space Telescope	Spitzer	斯皮策空间望远镜
Sputnik	Sputnik	（苏联）斯普特尼克卫星
Stratospheric Observatory for Infrared Astronomy	SOFIA	平流层红外天文台
Swift Gamma Ray Brust Explorer	SWIFT	"雨燕"伽马射线暴探测器

项目英文全名	英文简称	中译名称
Subaru Telescope	Subaru	（日本）昴星望远镜
Two micron all-sky survey	2MASS	2微米巡天计划
Transition Region and Coronal Explorer	TRACE	太阳过渡区及日冕探测器
Uhuru X-ray satellite	Uhuru	（苏联）自由号X射线观测卫星
Very Large Array	VLA	甚大射电望远镜阵列
Very Large Telescope	VLT	甚大望远镜
Wilkinson Microwave Anisotropy Probe spacecraft	WMAP	威尔金森微波各向异性探测器
X-ray Multi-Mirror Mission – Newton	XMM-Newton	牛顿X射线多镜面探测器（XMM-牛顿）
64-metre Parkes dish	Parkes	澳大利亚帕克斯64米射电望远镜

二、专业名词对照

adaptive optics	自适应光学
anomalous X-ray pulsar（AXP）	奇异X射线脉冲星
Doppler shift	多普勒频移
hypernovae	极超新星
Inner electron transition	内层电子跃迁
Gravitational lensing	引力透镜
Panspermia	有生源理论
Synchrotron radiation	同步加速辐射
Wavelength regime	波域

三、人名对照

Albert Einstein	阿尔伯特·爱因斯坦
Antony Hewish	安东尼·赫维西
Arno Penzias	阿诺·彭齐亚斯
Augustin-Jean Fresnel	奥古斯丁·让·菲涅尔

Christiaan Huygens	克里斯蒂安·惠更斯
Edward Mills Purcell	爱德华·米尔斯·珀塞尔
Ejnar Hertzsprung	埃希纳·赫兹普龙
Eric Ewen	厄里克·埃文
Galileo Galilei	伽利略·伽利雷
George Smoot	乔治·斯穆特
Henry Norris Russell	亨利·诺里斯·罗素
Hendrik van de Hulst	亨德里克·范德胡斯特
Isaac Newton	艾萨克·牛顿
Ivan Baldry	伊凡·巴德利
James Dunlop	詹姆斯·邓禄普
James Clerk Maxwell	詹姆斯·克拉克·麦克斯韦
Jan Oort	简·奥尔特
Johann Ritter	乔安·里特
John Mather	约翰·马瑟
Joseph Hooton Taylor	约瑟夫·胡顿·泰勒
Karl Glazebrook	卡尔·格莱兹布鲁克
Harlow Shapley	哈洛·沙普利
Lars Lindberg Christensen	拉尔斯·林伯格·克里斯滕森
Martin Ryle	马丁·赖尔
Riccardo Giacconi	里卡尔多·贾科尼
Robert (Bob) Fosbury	罗伯特（鲍勃）·福斯贝利
Robert Hurt	罗伯特·赫尔特
Robert Gendler	罗伯特·简德勒
Robert Wilson	罗伯特·威尔逊
Russell Alan Hulse	罗素·阿兰·赫尔斯
Thomas Young	托马斯·杨
Tycho Brache	第谷·布拉赫

William Herschel	威廉·赫歇尔

四、地名对照

Arecibo	（美国）阿雷西博
Canary Island	（西班牙）加纳利群岛
Cerro Paranal	（智利）帕瑞那山
Cerro Pachón	（智利）帕切翁山
Chajnantor plain（Llano de Chajnantor）	（智利）查南托高原
Narrabri	（澳大利亚）纳拉布里
Pampa Amarilla	（阿根廷）潘帕·阿玛尼拉
Puerto Rico	（美国）波多黎各

五、学术和科研机构对照

Cerro Tololo Inter–American Observatory（CTIO）	托洛洛山美洲天文台
European Southern Observatories（ESO）	欧洲南方天文台
European Space Agency（ESA）	欧洲航天局
Las Campanas Observatory	拉斯·坎帕纳斯天文台
La Palma Observatory	拉帕尔玛天文台
La Silla Observatory	拉西亚天文台
National Aeronautics and Space Administration（NASA）	美国国家航空航天局
Paranal Observatory	帕瑞那天文台
Pierre Auger Observatory	皮埃尔·奥杰天文台
Roque de los Muchachos Observatory	穆查丘斯罗克天文台
Royal Greenwich Observatory（RGO）	英国皇家格林尼治天文台
University of Sussex	英国苏塞克斯大学
University of California, Los Angeles(UCLA)	美国加州大学洛杉矶分校

图书在版编目（CIP）数据

神秘的宇宙 /（丹）拉尔斯·林伯格·克里斯滕森，（美）罗伯特·福斯贝利，（美）罗伯特·赫尔特著；林清，朱达一译 . —上海：上海科学技术文献出版社，2020（2022.6重印）
（仰望星空丛书）
ISBN 978-7-5439-8147-8

Ⅰ.① 神… Ⅱ.①拉…②罗…③罗…④林…⑤朱… Ⅲ.①宇宙—普及读物 Ⅳ.① P159-49

中国版本图书馆 CIP 数据核字 (2020) 第 114740 号

策划编辑：张　树
责任编辑：苏密娅
封面设计：李　楠

神秘的宇宙
SHENMI DE YUZHOU
[丹]拉尔斯·林伯格·克里斯滕森　[美]罗伯特·福斯贝利　罗伯特·赫尔特　著　林　清　朱达一　译
出版发行：上海科学技术文献出版社
地　　址：上海市长乐路 746 号
邮政编码：200040
经　　销：全国新华书店
印　　刷：上海华教印务有限公司
开　　本：889×1194　1/16
印　　张：9
版　　次：2020 年 8 月第 1 版　2022 年 6 月第 2 次印刷
书　　号：ISBN 978-7-5439-8147-8
定　　价：128.00 元
http://www.sstlp.com

图 82: 风车星系的各种面貌

　　风车星系, 或称 M 51, 是天空中距离我们最近的旋涡星系。它是一个大型旋涡星系与一个小型星系 (上方) 的典型例子。图像从左边开始分别为: 来自钱德拉的影像显示出来自炽热气体的X射线辐射和类似黑洞的点源; 来自 GALEX 的影像显示出来自恒星形成区的紫外辐射 (注意在伴星系中缺少恒星形成的迹象); 来自哈勃望远镜的可见光影像显示出黄色的老年恒星、蓝色的新生恒星和粉红色的恒星形成区; 来自斯皮策的红外影像显示出星光和来自星际尘埃云的辉光; 最后是射电波段的伪彩色影像 (右) 显示出磁场中给加速的带电粒子发出的同步加速辐射。